Contr. Sedimentology	2	1—101	Stuttgart, Januar 1974

Entstehung und Diagenese der devonischen und permotriassischen Dolomite in der Eifel

Origin and diagenesis of Devonian and Permotriassic dolomites in the Eifel Mts. (Germany)

Von Detlev K. Richter, Bochum*

Mit 48 Abbildungen und 3 Tabellen im Text

Zusammenfassung

Die Dolomite der Eifeler NS-Zone werden aufgrund von Gelände- und Dünnschliffuntersuchungen, röntgenographischen und chemischen Analysen zeitlich und genetisch verschiedenen Dolomitisierungen zugeordnet. Unterschiedliche Dolomitisierbarkeit der Kalksteine, Fossilerhaltung, Dolomitkristallgröße, Zemente, Kluftfüllungen, Dolomitchemismus, Dedolomitisierung und authigene Quarze (Habitus und karbonatische Einschlüsse) werden besonders berücksichtigt.

An Biostrome gebundene devonische Dolomitkörper (a — an der Grenze Eifelium/Givetium, b — an der Grenze Givetium/Frasnium) führen in einer oberen frühdiagenetisch dolomitisierten Zone $Ca_{48\text{-}51}$-Dolomite mit Dolomiteinschlüssen in authigenen Quarzen. Zum Liegenden folgen gröber kristalline $Ca_{48\text{-}51}$-Dolomite der frühen Spätdiagenese mit Calciteinschlüssen im Quarz und schließlich $Ca_{50\text{-}54}$-Dolomite an der unteren Randzone. Danach hat der Kompaktionsstrom eine geringmächtige Zone im Hangenden der Dolomitkörper dolomitisiert ($Ca_{51\text{-}56}$-Dolomite). Der Zonarbau der Dolomitkristalle aus der spätdiagenetisch veränderten Hangendzone unterscheidet sich signifikant von den Dolomiten der Liegendzone.

Im Perm und in der unteren Trias (arides Klima mit episodischen Regenfällen) wurden vor den Bergrücken prävariskischer Dolomite (Mg-Lieferant) lokal devonische Kalke und permotriadische klastische Gesteine dolomitisiert ($Ca_{50\text{-}56,5}$-Dolomite).

Abstract

Different types of dolomitization were investigated in the field and in the laboratory (thin section, X-ray and chemical work). Emphasis was placed upon resistance against dolomitization, composition, crystal size and zonal structure of dolomite, preservation of skeletal material, cementation, healed fissures, dedolomitization, and morphology and carbonate inclusions of authigenic quartz crystals. Two major dolomite types were defined:

(a) dolomitic coral and stromatopore biostromes (Eifelian/Givetian and Givetian/Frasnian) with algal mats in the upper part; this part was dolomitized during early diagenesis

* D. K. Richter, Geologisches Institut der Ruhruniversität, 463 Bochum-Querenburg, Universitätsstr. 150.

(Ca_{48-51}-dolomite), and dolomite inclusions occurred in authigenic quartz crystals. Later dolomitization invaded the lower parts of the biostromes, successively forming coarser Ca_{48-51}-dolomites with authigenic quartz containing calcite inclusions, and near the base of the biostromes Ca_{50-54}-dolomites. Subsequent compaction squeezed interstitial waters into shallow and deep marine limestones sealing the biostromes; Ca_{51-56}-dolomitization of a small layer of these limestones resulted.

(b) continental dolomitization occurred during Permian and early Triassic time under the influence of an semi-arid climate. Surface water from Devonian dolomite ridges percolated through Devonian limestones and Permotriassic clastic rocks exposed in the valleys and formed $Ca_{50-56,5}$-dolomite.

Inhaltsverzeichnis

Einleitung 5
1. Geologischer Teil 5
1.1. Zur paläogeographischen Entwicklung 5
1.2. Bisherige Ansichten zur Dolomitisierung in den Eifel-Kalkmulden 8
1.3. Dolomit und Gesteinsverband 11
1.3.1. An die Schichtabfolge gebundene Dolomitkörper 11
1.3.1.1. Schönecker Dolomit (i. w. S.) 12
1.3.1.2. Munter-Lei-Dolomit 13
1.3.2. An die permotriadische paläogeographische Lage und Morphologie gebundene Dolomitkörper 14
1.3.2.1. Lierberg-Typ 14
1.3.2.2. Grieshäuel-Typ 16
1.3.3. Fleckendolomit-Typ 16
2. Petrographischer Teil 17
2.1. Methodik 17
2.2. Karbonate 17
2.2.1. Dolomitisierbarkeit 17
2.2.1.1. Beziehung zu Kalk und Mergel 18
2.2.1.2. Beziehung zu Fossilien, Matrix, Zement und Calcit-Klüften . . 19
2.2.2. Fossilerhaltung 21
2.2.3. Form der Dolomitkristalle 24
2.2.4. Größe der Dolomitkristalle 26
2.2.5. Beziehungen zwischen Calcitzement und Dolomitisierung 28
2.2.5.1. Zemente A und B 28
2.2.5.2. Zementierte Klüfte 30
2.2.5.3. Zementierte, durch die Dolomitisierung bedingte Lösungsporen . 30
2.2.6. An Stylolithen gesproßte Dolomitkristalle 31
2.2.7. Zusammensetzung der Dolomitkristalle 32
2.2.7.1. d-Wert-Veränderung der stärksten Röntgeninterferenz (104) . . 32
2.2.7.2. Beziehung zwischen $d_{(104)}$-Wert und Geländeposition 34
2.2.7.3. Dolomitnebenreflexe (006, 015, 110) 36
2.2.7.4. Ordnungsgrad $(\frac{I.\ (015)}{I.\ (110)})$ 37
2.2.7.5. Zonarbau 38
2.2.7.6. Peakausbildung und Zonarbau 41
2.2.7.6.1. Viertelwertsbreite 42
2.2.7.6.2. Asymmetriequotient 42
2.2.7.6.3. Diskussion zur Genese des Dolomit-Zonarbaus . . . 46
2.2.7.7. FeO-Gehalt 48
2.2.7.8. Mn-Gehalt 49
2.2.7.9. Sr-Gehalt 50

Contributions to Sedimentology

Edited by

Prof. Dr. H. Füchtbauer, Bochum - Prof. Dr. A. P. Lisitzyn, Moscow
Dr. J. D. Milliman, Woods Hole/Mass. - Prof. Dr. E. Seibold, Kiel

2

Entstehung und Diagenese der devonischen und permotriassischen Dolomite in der Eifel

Origin and diagenesis of Devonian and Permotriassic dolomites in the Eifel Mts. (Germany)

Von Detlev K. Richter

Mit 48 Abbildungen und 3 Tabellen im Text

E. Schweizerbart'sche Verlagsbuchhandlung
(Nägele u. Obermiller) Stuttgart 1974

Contr. Sedimentology	2	I–II, 1–101	Stuttgart, Januar 1974

Printed in Germany
ISBN 3 510 57002 2

Druck: Gebrüder Ranz, Dietenheim

2.2.8. Dedolomitisierung 51
2.2.9. Der Einfluß des Vulkanismus auf die Karbonate 57
2.3. Nichtkarbonate 57
2.3.1. Authigene Quarze 57
2.3.1.1. Devonische Quarze 58
2.3.1.1.1. Morphologie 58
2.3.1.1.2. Breiten-Längen-Index 58
2.3.1.1.2.1. Iversheimer Quarze 59
2.3.1.1.2.2. Vergleich verschiedener Quarzkollektive . 62
2.3.1.1.3. Einschlüsse in authigenen Quarzen 64
2.3.1.1.4. Genese der Quarze 66
2.3.1.2. Jüngere Quarze 67
2.3.1.2.1. An Stylolithen gebundene Quarze 67
2.3.1.2.2. An Dolomitrückstände gebundene Quarze 67
2.3.1.2.3. An „Gänge“ gebundene Quarze 68
2.3.1.3. Zum Habitus der authigenen Quarze 68
2.3.2. Kalifeldspat 69
2.3.3. Sonstige Minerale 70
3. Diskussion zur Dolomitbildung in der Eifel 71
3.1. Devonische Dolomite 71
3.1.1. Schönecker Dolomit (i. w. S.) 71
3.1.2. Munter-Lei-Dolomit 72
3.1.3. Zur Diagenese der devonischen Dolomitkörper 74
3.1.4. Fleckendolomite 74
3.2. Permotriadische Dolomite 74
3.2.1. Lierberg-Typ 74
3.2.2. Grieshäuel-Typ 75
4. Ergebnisse 75
5. Aufschlüsse mit Kurzkommentar 77
Devonische Dolomite — Munter-Lei-Dolomit — Schönecker Dolomit (i. w. S.) — Fleckendolomite 77
Permotriadische Dolomite 79
Quartäre Tuffite 80
Permische Konglomerate bzw. Breccien 81
Karbonatkonglomerate bzw. -breccien im Buntsandstein 81
Authigene Quarze und Kalifeldspäte 81
6. Anhang 83
7. Summary: 90
Origin and diagenesis of Devonian and Permotriassic dolomites in the Eifel Mts. (Germany)
7.1. Geological setting and field observations 90
7.1.1. Paleogeography 90
7.1.2. Dolomite types 90
7.1.2.1. Biostromal dolomites 90
7.1.2.2. Continental dolomites 90
7.1.2.3. Spotty dolomitization 91
7.2. Petrographic investigations 91
7.2.1. Dolomite fabric 91
7.2.2. Dolomite composition 91
7.2.3. Authigenic quartz 92
7.3. Conclusion: Origin of the Eifel dolomites 92
7.3.1. Biostromal dolomites 92
7.3.2. Spotty dolomitization 93
7.3.3. Continental dolomites 94
8. Literaturverzeichnis 94

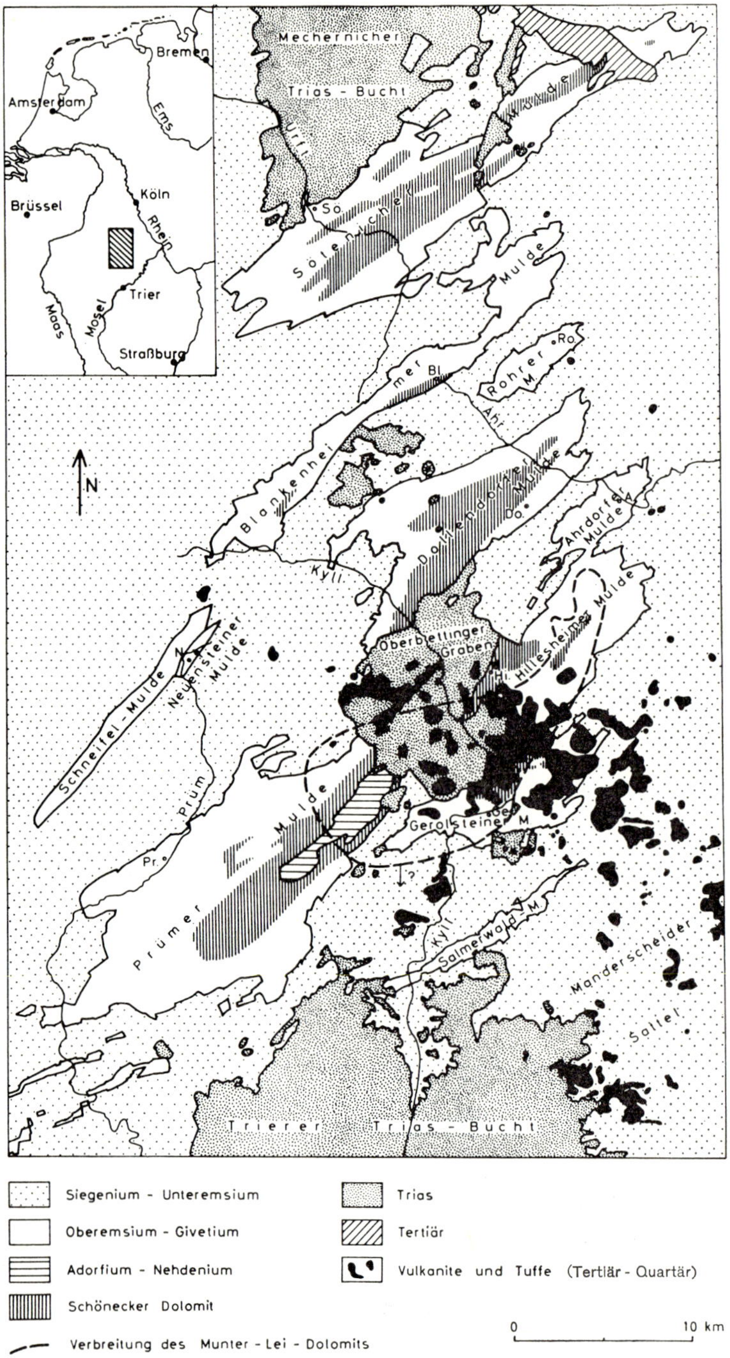
Bremen
Amsterdam
Ems
Köln
Brüssel
Rhein
Trier
Maas
Mosel
Straßburg
Mechernicher
Trias - Bucht
So
Sötenicher
Mulde
Mulde
Rohrer
Ro
M.
Bl
Blankenheimer
Ahr
N
Dollendorfer
Mulde
Do
Ahrdorfer
Mulde
Kyll
Oberbettinger
Graben
Hillesheimer
Mulde
Schneifel - Mulde
Neuensteiner
Mulde
Prüm
Pr
Prümer
Mulde
Gerolsteiner M
Ge
Kyll
Salmerwald M
Manderscheider
Sattel
Trierer
Trias - Bucht
Siegenium - Unteremsium
Oberemsium - Givetium
Adorfium - Nehdenium
Schönecker Dolomit
Verbreitung des Munter - Lei - Dolomits
Trias
Tertiär
Vulkanite und Tuffe (Tertiär - Quartär)
0
10 km

Einleitung

Das linksrheinische Schiefergebirge wird von der Querdepression der Eifeler NS-Zone mit ihren 10 Karbonatmulden (Sötenicher-, Blankenheimer-, Rohrer-, Neuensteiner-, Dollendorfer-, Ahrdorfer-, Hillesheimer-, Prümer-, Gerolsteiner- und Salmerwald-Mulde — im Text sind häufig nur die Anfangsbuchstaben angegeben) durchkreuzt (Abb. 1). Als NS-Zone gilt in dieser Arbeit das Gebiet zwischen Salmerwald- und Sötenicher-Mulde. Die nächsten devonischen Karbonatfolgen sind im Norden am Nordabfall des Hohen Venn und im Süden in der Olkenbacher Mulde (N der Mosel), in der Stromberger Mulde (Hunsrück) und westlich Bingerbrück erhalten geblieben.

Nachdem in den letzten Jahren bei Neukartierungen die Stratigraphie der Eifelkalkmulden besonders durch die Frankfurter Schule (Struve u. a.) stark untergliedert worden ist, schien eine petrographische Neubearbeitung des 150 Jahre lang diskutierten Dolomitproblems in der Eifel lohnenswert, besonders, da die bisherigen Theorien nicht durch Beweise untermauert werden konnten.

Herrn Prof. Dr. H. Füchtbauer möchte ich für die Anregung zu dieser Arbeit, sowie für Diskussionen und Hinweise bei der Durchführung danken. Wertvolle Unterstützung durch die Mannschaft des Bochumer Geologischen Instituts hat die Untersuchungen gefördert. Mein besonderer Dank gilt dem analytischen und apparativen Ratgeber Dr. D. Riedel.

1. Geologischer Teil

1.1. Zur paläogeographischen Entwicklung

Die Eifeler NS-Zone läßt sich nach Kegel (1948) aufgrund überregionaler Betrachtungen bis zum Ordovicium als paläogeographisch wirksames Element zurückverfolgen. Wo. Schmidt (1951) vermutet sogar im Kambrium NS-gerichtete Strukturen.

Zur Devon-Zeit heben Fazies- und Mächtigkeitsunterschiede die NS- und eine NE-Richtung hervor. Die Verbreitung des Meeres zwischen dem Old-Red-Kontinent im NW und der Mitteldeutschen Schwelle bzw. Alemannischen Insel im SE, die Erstreckung der submarinen Mosel-Kellerwald-Schwelle im Siegenium (Rauhflaser-Gruppe) und der Verlauf der Manderscheider Schwelle (Lippert & Solle 1937; Wo. Schmidt 1951) bzw. der Siegener Schwelle (Kegel 1948) im oberen Unterdevon und im Mitteldevon prägen die NE-Richtung der variskischen Tröge im Bereich des Mittelrheins (vgl. Krebs 1968, S. 53). Im Raum der Eifel zeichnet sich bis auf die Oberemsium- und die Oberdevon-Zeit ein NS-gerichtetes Gebiet mit relativ geringer Sedimentation aus.

◄

Abb. 1. Geologische Übersichtskarte der Eifeler NS-Zone. Stratigraphische Grenzen nach Struve (1961 a). Der Schönecker Dolomit ist keine stratigraphische Einheit, seine Liegendgrenze schwankt zwischen den Freilingen- und den Kerpen-Schichten.

Fig. 1. Geological map of the "Efel NS-zone" (after Struve 1961 a). "Schönecker Dolomit" is not a stratigraphic unit, its lower boundary can be everywhere between the Freilingen and Kerpen formations (fig. 2). The dotted line indicates the extension of the "Munter-Lei-Dolomit".

Im Eifelium trennt die Manderscheider Schwelle eine Schelffazies mit „Riffen“ (vorwiegend Korallen-Stromatoporen-Biostrome mit einem Längen-Dicken-Verhältnis von über 50; externer Schelf nach Krebs 1971) im N von einer Trogfazies mit Wissenbacher Schiefern im S. Die Präsenz von Inseln westlich und östlich der Eifeler NS-Zone (Struve 1961 b) ist nicht bewiesen und wird für das westliche „Stavelotia“ bereits abgelehnt (Kasig & Neumann-Mahlkau 1969) und für das östliche „Istaevonia“ in Frage gestellt (Copper 1956, Krebs 1968).

Die Schelffazies scheint sich im Givetium weiter nach S ausgebreitet zu haben, denn Solle (1937) nimmt für korallen- und stromatoporenführende Dolomitgerölle

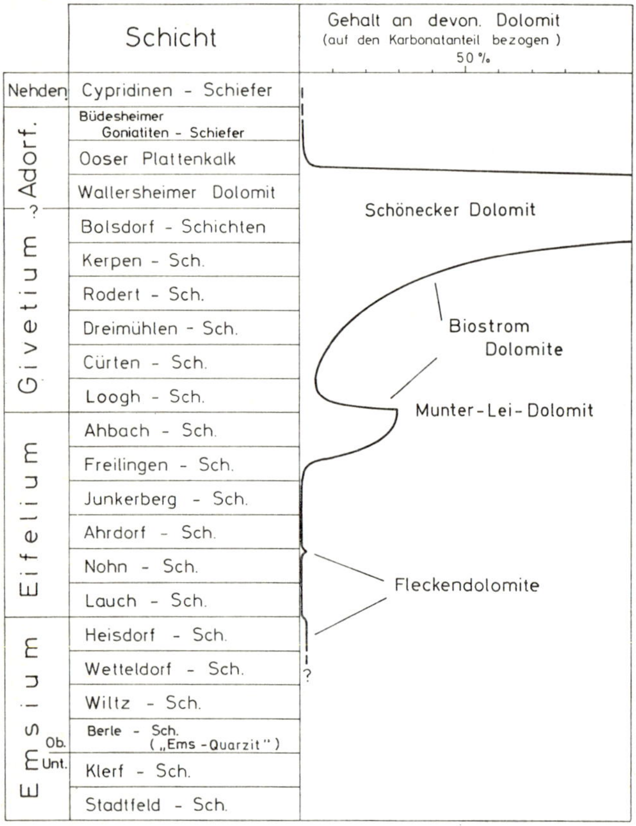

Abb. 2. Die Schichtenabfolge in der Eifel vom Emsium bis zum Nehdenium nach Struve (1961 a, 1964). Daneben ist das Vorkommen der devonischen Dolomittypen und der Gehalt an devonischem Dolomit in der Schichtabfolge angegeben. Der Dolomitgehalt bezieht sich auf den Karbonatgehalt der jeweiligen Schicht im Bereich der Eifeler Kalkmulden (kein Einzelprofil).

Fig. 2. Stratigraphic column between Emsian (Lower Devonian) and Nehdenian (Upper Devonian) in the Eifel Mts. (after Struve 1961 a, 1964). The occurrence of Devonian dolomites (“Schönecker Dolomit” and “Munter-Lei-Dolomit” = biostromal dolomites; “Flekkendolomite” = spotty dolomites), and the dolomite percentages related to the carbonate content is indicated.

in den Waderner Schichten bei Bausendorf abgetragene Riffdolomite der Olkenbacher Mulde als Herkunftsgebiet an. Da im Gebiet des Guldenbachtales (Hunsrück) ebenfalls karbonatreiche Flachwassersedimente des Givetium auftreten (D. MEYER 1966), ist es fraglich, ob die Schwarzschiefer der Trogfazies (KREBS 1969) zu dieser Zeit ins Eifel-Hunsrück-Gebiet gereicht haben. „Flinz"-Sedimente (z. T. Kalkturbidite) und Schiefer deuten im Oberdevon eine erneute Vertiefung des Meeres an.

Jüngere marine Sedimente des Paläozoikum sind in der Eifeler NS-Zone nicht bekannt. BRINKMANN (1948) und WO. SCHMIDT (1951) nehmen jedoch eine Überflutung der Eifel durch das Karbonmeer an. Diese Vermutung wird durch das Auffinden von Schwarzschiefern des Dinant in der Bohrung Saar 1 bestärkt (KNEUPER 1971). Die variskischen Bewegungen schufen zwischen dem Siegerland-Eifel-Block im E und dem Stavelot-Venn-Massiv im W eine Querdepression, die bis zu 2000 m (relativ) eingesenkt wurde (SCHENK 1938) und die Eifelkalkmulden von einer späteren vollständigen Erosion verschonte.

Im Oberrotliegenden hat sich der Gebirgsschutt in NE-streichenden intramontanen Becken gesammelt (E. SCHRÖDER 1951, 1954). Die Altersangabe ist für die grobklastischen Sedimente („Kalkkonglomerate") nicht fossilbelegt. So ordnet z. B. REULING (1931) die Karbonatkonglomerate in den Mittleren Buntsandstein ein, während P. G. KRAUSE (1922) ein Zechsteinalter angibt. Zwischen den Karbonatkonglomeraten und den Sedimenten des Hauptbuntsandstein liegt eine Sedimentationslücke, denn P. G. KRAUSE (1922) konnte Winkeldiskordanzen beobachten, und PICARD (1954) fand ein tektonisch beanspruchtes „Kalkkonglomerat" als Geröll in Ablagerungen des Mittleren Buntsandstein. Kalkbreccien gleichartiger Zusammensetzung und ähnlicher Genese (s. S. 74 f) in den Waderner Schichten südlich der Olkenbacher Mulde (SOLLE 1937) und südwestlich von Bingen (W. WAGNER & MICHELS 1930) deuten auf Oberrotliegend-Alter der Eifeler „Kalkkonglomerate" hin (vgl. die Rotliegend-Datierung für das entsprechende Mendener Konglomerat nach HEITFELD 1951).

Zur Zeit des Mittleren Buntsandstein wird die NS-Richtung wieder betont. Sandsteine und Konglomerate (Gangquarz-, Quarzit- und Sandsteingerölle) zeigen ein Flußsystem an, wobei das Material von Süden in und durch die Senke transportiert wurde (PICARD 1950, WURSTER 1964). Für die liegenden Buntsandstein-Sedimente werden von MURAWSKI (1964) lokale Schüttungen angenommen. Im Oberen Buntsandstein und im Muschelkalk hat ein Meer die NS-Zone überflutet, denn entsprechende Sedimente (z. B. dolomitischer Muschelsandstein) bei Oberbettingen (G. FUCHS 1969) deuten auf eine küstennahe, marin beeinflußte Fazies hin. Die Vorstellung eines terrestrischen Hochgebietes während der gesamten Trias-Zeit (JUX & PFLUG 1958) muß revidiert werden. Eine marine NS-Verbindung war zumindest zeitweise im Muschelkalk vorhanden (vgl. KNAPP 1961).

Für jüngere marine Überlagerungen gibt es keine Beweise. Einzelne Autoren (u. a. HOFFMANN 1949, LUCIUS 1951) nehmen einen marinen Einfluß bis zur Lias-Zeit an. Entsprechende Sedimente liegen außerhalb der NS-Zone in den Buchten von Mechernich und Trier.

Auch terrestrische Sedimente sind erst wieder aus dem Tertiär, zumeist in Verbindung mit dem Eifelvulkanismus, bekannt, während das Meer immer nördlich der Eifel geblieben ist.

1.2. Bisherige Ansichten zur Dolomitisierung in den Eifel-Kalkmulden

Die älteste Hypothese zur Entstehung der Eifeldolomite stammt von Leopold von Buch (1824): Ein Teil der mitteldevonischen Kalksteine soll in Verbindung mit dem verbreiteten känozoischen Eifelvulkanismus durch Zufuhr „kohlensaurer Magnesia" in Dolomit umgewandelt worden sein.

Steininger (1853) lehnt eine Abhängigkeit der Dolomitisierung vom Vulkanismus ab und möchte die Dolomite im Devonmeer entstanden wissen, wobei er das Magnesium von zerfallenden Korallen herleitet.

1865 deutet Mitscherlich die Dolomite als durch Tagewässer entstandene Auslaugungsrückstände von Gesteinen, die zuvor ein Gemenge von Kalk und Dolomit gewesen sind. Eine Erklärung für die Herkunft des Mg gibt Mitscherlich ebensowenig wie E. Kayser (1871), der jedoch die Dolomitisierung — auch im Gegensatz zu Steininger — für einen späten, von einem „bestimmten Niveau" ganz unabhängigen Prozeß hält. E. Schulz scheint sich 1882 (S. 197) der genannten Theorie Mitscherlichs anzuschließen, indem er für die Dolomite des oberen Mitteldevon folgende Erklärung gibt: „Eine ursprüngliche reinere Zusammensetzung der Kalke wird die Ursache hiervon gewesen sein." Nach Rauff (1911) sind die Dolomite ebenfalls sekundär entstanden: Eine Auslaugung durch „Tagewässer" reicherte den Dolomit als Rückstand $MgCO_3$-haltiger Kalke an — „durch einen von oben nach unten fortschreitenden Umwandlungsprozeß".

Grundsätzlich neue Ideen bringt Quiring (1913) zur Genese der Eifeldolomite: Die Dolomite des oberen Givet sind „vor der varistischen Faltung" gebildet, während die stratigraphisch tieferliegenden mittel- und unterdevonischen Dolomite in Verbindung mit einer permisch-alttriadischen Landoberfläche durch einen auslaugenden „Verwitterungsvorgang" aus Kalksteinen hervorgegangen sind.

Sogar drei Dolomitgenesen deutet E. Schulz 1913 (S. 277) an: a) Quirings ältere Dolomitbildung faßt er „als eine Wirkung des Strandes des oberdevonischen Meeres" auf; b) Quirings jüngere Dolomitgenese sieht er „als eine Wirkung des Strandes des Buntsandsteinmeeres" an; c) die Dolomitisierung älterer Kalke der Gerolsteiner Mulde (es dürften Kalke des Eifelium und des unteren Givetium gemeint sein) möchte er lokal auf den Einfluß von Thermen zurückführen.

1926 liefern L. Kuckelkorn & Vorster einen Beitrag zur Genese der Eifeldolomite, indem sie ein Vorkommen bei Ahrhütte (Do) als Verwitterungserscheinung ansehen, wobei die Dolomite eher diluviales als prätriassisches Alter aufweisen sollen.

Wilckens (1929) lehnt die letztgenannten Theorien wieder ab und hält die Dolomite — ähnlich Steininger (1853) — für annähernd schichtgebunden und im Devonmeer entstanden. Dabei sollen sich die Bedingungen für eine Dolomitgenese vom unteren zum oberen Mitteldevon verbessert haben.

In der Gerolsteiner Mulde beschreibt Müllers (1930) einen im Devon submarin dolomitisierten Riffkörper, der in der Schichtabfolge z. T. erheblich unter dem „Schönecker Dolomit" Reulings (s. u.) liegt (vgl. die stratigraphische Stellung dieses Auburg-Dolomits bei Krömmelbein 1957). Stratigraphisch noch tiefere Dolomite bezeichnet er als in geologisch späterer Zeit entstanden und führt ihre Genese „auf Zuführung magnesiumhaltiger Lösungen aus dem hangenden Dolomit" (oben genannter Riffkörper) zurück.

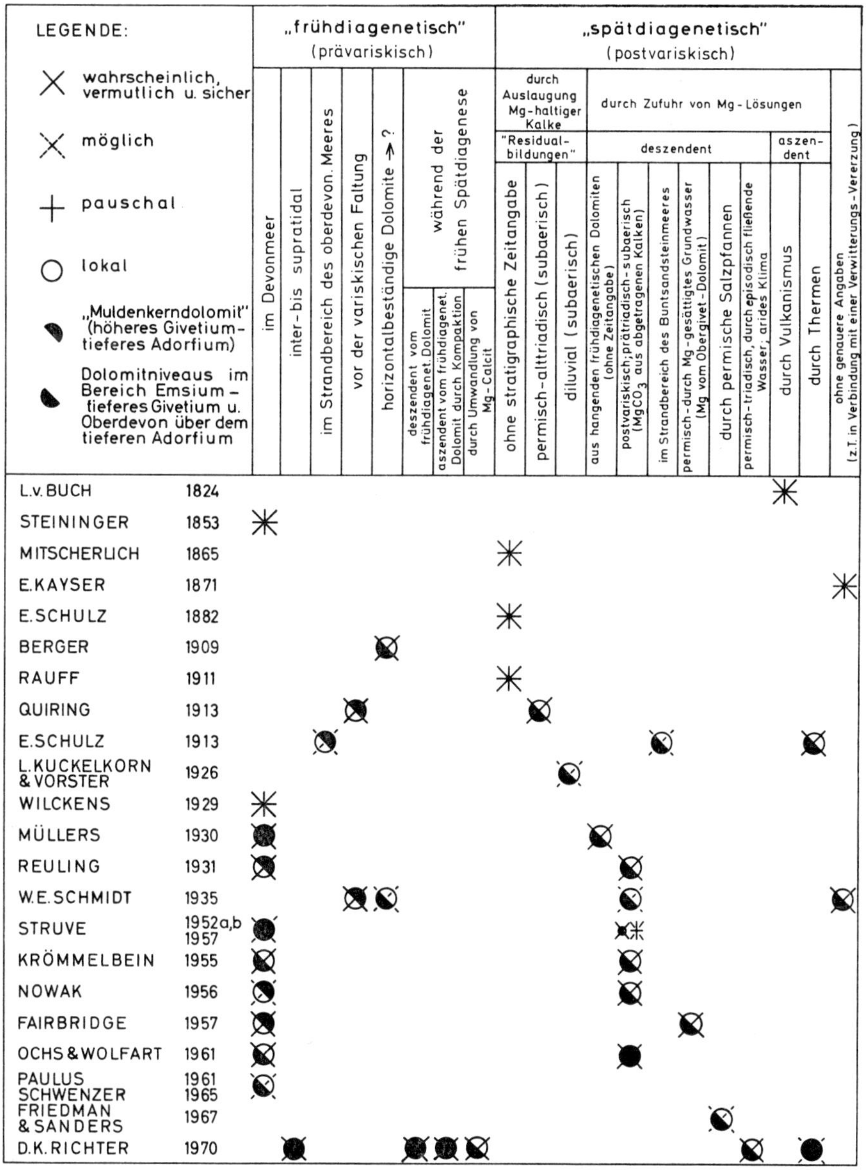

Abb. 3. Historischer Überblick über die Meinungen zur Genese der Eifel-Dolomite.
Fig. 3. Different opinions on the origin of the Eifel dolomites.

Reuling (1931) greift die Hypothese Quirings wieder auf. An präzise beschriebenen Beispielen stellt er den an der prätriadischen Landoberfläche durch Mg-Zufuhr aus „abgetragenen Kalken" gebildeten „Geländedolomiten" den frühdiagenetisch im Devonmeer entsandenen, schichtgebundenen „Schönecker Dolomit" (Obergivet vom Amygdala-Kalk aufwärts) gegenüber. Die Deutungen Reulings sind bis heute weitgehend übernommen worden. Dabei erscheint es mir unklar, ob die Autoren beim Zitieren der Reulingschen Geländedolomitisierung auch seine Ableitung für die Herkunft des Mg aus „abgetragenen Kalken" übernehmen.

Ohne das Konzept von Reuling grundsätzlich abzulehnen, zeigt W. E. Schmidt (1935), daß der Schönecker Dolomit Reulings in der Sötenicher Mulde keinen stratigraphischen Horizont einnimmt. Diese schwankende Untergrenze des „Eifeldolomits" wird (S. 314) mit einer unterschiedlich hoch einsetzenden Dolomitisierung gedeutet, wobei wohl ein früher Vorgang gemeint ist, da W. E. Schmidt (S. 299) die altersmäßige Zweiteilung der von Quiring (1914) erwähnten Dolomite akzeptiert. Zudem beschreibt er im Liegenden des Muldenkerndolomits zwei horizontbeständige Dolomite des Oberen Mitteldevon, allerdings ohne eine genetische Deutung hinzuzufügen (vgl. Berger 1909). Eine lokale Dolomitisierung sieht W. E. Schmidt als Oberflächenbildung in Verbindung mit „der Vererzung" an (in Abb. 3 den spätdiagenetischen Deutungen zugeordnet). Bei einem weiteren Dolomitvorkommen wird eine mögliche späte Dolomitisierung im Sinne von Reuling (1931) erwogen.

Struve (1952 a, b, 1957) übernimmt Reulings Vorstellung einer postvariszischen Dolomitbildung („Geländedolomite"; „Morphologie-gebunden") und fügt Beispiele noch hinzu, deren Einstufung als geländedolomitisierte Kalke ihm jedoch nicht sicher erscheint. Die früdiagenetische Deutung Reulings für die Dolomite des Oberen Givet erkennt er (1952 a, 1957) nur als eine Möglichkeit an und verweist dabei besonders auf die um etwa 100 m schwankende Untergrenze des Muldenkerndolomits der Hillesheimer Mulde. Als neuen Gesichtspunkt erwähnt Struve „Unterschiede in der Dolomitisierungs-Willigkeit der Kalke".

Krömmelbein (1955) erklärt den größten Teil der Dolomite prägivetischer Schichten in der Salmerwald-Mulde durch Geländedolomitisierung, nur für ein lokales Vorkommen in den Wetteldorfer Schichten nimmt er eine Dolomitgenese im Devonmeer an.

Für die Sötenicher Mulde fügt Nowak (1956) ein weiteres Beispiel für sekundäre Dolomitisierung sensu Reuling bei. Die Dolomite des Muldenkerns scheint er für eine frühe Bildung zu halten, denn er vergleicht die Entstehungsbedingungen eines Horizontes mit denen des alpinen Hauptdolomits.

1957 kommt ein neuer Hinweis zur Genese der Geländedolomite von Fairbridge: Die Kalke des Eifelium sind zur Zeit des Perm durch Mg-gesättigtes Grundwasser oberflächennah dolomitisiert worden, wodurch eine kontinentale „hard pan" entstanden ist; das Mg ist durch die Verwitterung des frühdiagenetischen („penecontemporaneous") givetischen Dolomits freigeworden. Für die Blankenheimer Mulde beschreiben Ochs & Wolfart (1961) Schichten des Eifelium, die im Sinne Quirings und Reulings geländedolomitisiert worden sind. Der Muldenkerndolomit wird ähnlich gedeutet, nur für ein Dolomitniveau im „obersten Eiflium" wird eine prävaristische, also frühe Entstehung angenommen.

Ohne nähere Untersuchungen halten Paulus (1961, Sötenicher Mulde) und Schwenzer (1965, Prümer Mulde) lokale Dolomitniveaus des Eifelium für möglicherweise früh dolomitisiert.

Schließlich ziehen Friedman & Sanders (1967, S. 329) zwei Theorien für die zweite Dolomit-Generation im Devon der Eifel in Betracht. Nach ihnen sind die sekundären Dolomite möglicherweise durch „seepage reflux" oder durch aufwärts erfolgende Transpiration von Seewasser im Küstenbereich eines stärker salinaren Permbeckens („Permian seas") entstanden.

1.3. Dolomit und Gesteinsverband

Der überwiegende Teil der Eifeldolomite steht in enger Beziehung zu ausgedehnten Dolomitkörpern, die zonar angelegt sind. Es kann ein geschlossenes Dolomitgefüge (ohne Calcitkristalle, die älter als die Dolomitisierung sind) des Zentralbereichs und der Ca-Dolomit-haltigen inneren Randzonen (s. S. 34f) von einem offenen am Saum der Körper unterschieden werden (Abb. 4). Im offenen Dolomitgefüge ist der ursprüngliche Kalk noch teilweise erhalten. Sander (1950, S. 334) zieht dagegen die Grenze zwischen dem offenen und dem geschlossenen Dolomitgefüge beim Beginn sich „berührender Dolomitkörner".

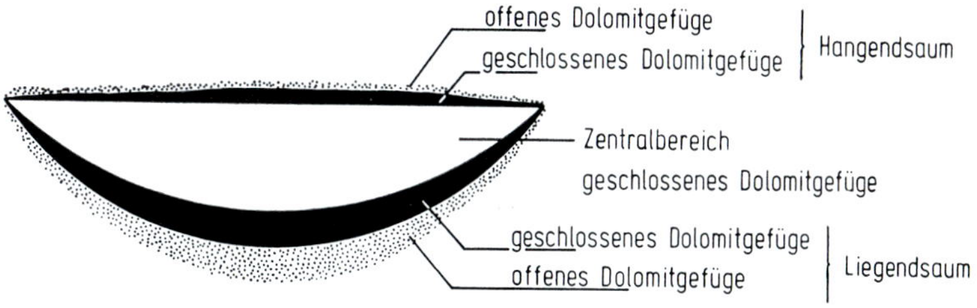

Abb. 4. Schemaprofil durch einen Dolomitkörper.
Fig. 4. Schematic profile through a dolomite body. Open (stippled) and closed (black) dolomite fabric in the upper part; closed dolomite fabric in the center; closed (black) and open (stippled) dolomite fabric in the lower part.

Die Dolomitkörper verteilen sich auf zwei Typen: a) an die Schichtabfolge und b) an die permotriadische paläogeographische Lage und Morphologie gebundene Dolomite. Ein weiterer Typ zeichnet sich durch einzelne Dolomitrhomboeder in Kalksteinen ohne Bezug zu Dolomitkörpern aus („Fleckendolomit-Typ").

1.3.1. *An die Schichtabfolge gebundene Dolomitkörper*

Zwei Dolomitmassive werden dem schichtgebundenen Typ („Biostromdolomit-Typ") zugeordnet: Schönecker Dolomit (i. w. S.) und Munter-Lei-Dolomit. Die Dolomitkörper weisen eine annähernd zeitgleiche Obergrenze und einen sehr unregelmäßigen Liegendsaum auf. Sie erreichen eine große laterale Ausdehnung bei relativ geringer Mächtigkeit. Die Massive sind an Stromatoporen-Karollen-Biostrome gebunden.

Abb. 5. Kontinuierlicher Übergang vom geschlossenen (unten rechts) zum offenen Dolomitgefüge; Hangendsaum des Munter-Lei-Dolomits (A 7); Liegendes = unten. Gefärbter Anschliff; Dolomit = hell; Calcit = grauschwarz.

Fig. 5. Continual transition from closed (lower right) to open dolomite fabric, i. e. from dolomite to dolomitic limestone; uppermost Munter-Lei--Dolomite (Loc. A 7); below = bottom. Stained and polished section; dolomite = light; calcite = dark grey.

1.3.1.1. Schönecker Dolomit (i. w. S.)

Die Bezeichnung „Schönecker Dolomit" ist von REULING (1931) für eine stratigraphische Einheit des Obergivetium aufgestellt worden. Besonders STRUVE (1955) hat diese Auffassung abgelehnt und große Schwankungen der Untergrenze in der Hillesheimer Mulde festgestellt. Im Extrem schwankt der untere Dolomitsaum zwischen den Kerpen-Schichten in der Sötenicher und in der Hillesheimer Mulde und den Freilingen-Schichten in der Sötenicher Mulde.

In der Sötenicher Mulde lassen sich die einzelnen Typen schwer voneinander trennen, da devonische und permotriadische Dolomitisierungen weit verbreitet sind. Dabei reicht der Muldenkerndolomit im NE-Teil der Mulde bis in die Freilingen-Schichten herunter oder bis an ihre Basis (NOWAK 1956, PAULUS 1959), während im mittleren Muldenabschnitt Kerpen-Schichten lokal kalkig erhalten vorliegen (PAULUS 1959). Möglicherweise grenzen in der Sötenicher Mulde der Schönecker Dolomit und ein dem Munter-Lei-Dolomit entsprechender Riffdolomit aneinander, ohne daß ein durchhaltendes Kalkband dazwischen auftritt. Diese Kalklagen können auch durch die postvariskische Dolomitisierung (s. S. 74f) „reduziert" vorliegen, da die Häufigkeit permotriadischer Dolomite auf dem N-Flügel der Mulde eine jüngere intensive Umwandlung in dieser Gegend anzeigt. Da diese Überlegungen nicht bewiesen sind, wurde in Abb. 1 der gesamte Muldenkerndolomit als Schönecker Dolomit eingezeichnet.

Der überlagernde oberdevonische Wallersheimer Dolomit (Pr, Do ?) wird genetisch (s. S. 71 f) zum Schönecker Dolomit (i. w. S.) gestellt, obwohl in ersterem die Korallen-Stromatoporen-Biostrome anteilmäßig nur eine untergeordnete Rolle spielen. Somit liegt die Hangendgrenze des Dolomitmassivs annähernd zwischen dem Wallersheimer Dolomit und dem Ooser Plattenkalk. Diese oberdevonischen Schichten sind nur noch im Kern der Prümer Mulde erhalten. Die ehemalige Dolomit/Kalk-Grenze ist von der permotriadischen Dolomitisierung überprägt (vgl. Abb. 47).

Der Schönecker Dolomit erstreckt sich über die Prümer, Gerolsteiner, Hillesheimer, Dollendorfer, Blankenheimer und Sötenicher Mulde (> 50 km) und kann mit dem Wallersheimer Dolomit bis zu 500 m mächtig werden (Länge/Dicke > 100).

1.3.1.2. Munter-Lei-Dolomit

Der Name „Munter-Lei-Dolomit" bezieht sich auf die massige Felswand N Gerolstein (A 8) und soll Schwirzheimer (Reuling 1931), Auburg (Krömmelbein 1957) und Loogher (Schulz 1883) Dolomit zusammenfassen. Der Dolomit umfaßt Schichten des Grenzbereichs Eifelium/Givetium und tritt in der östlichen Prümer Mulde und in den Westhälften der Gerolsteiner und der Hillesheimer Mulde auf (s. Abb. 1). Das Längen/Dicken-Verhältnis beträgt 200 und bezieht sich auf eine Ausdehnung von etwa 20 km und eine Mächtigkeit von 100 m (stärker schwankend).

Die Obergrenze liegt, zwei Lokalitäten ausgenommen, im Wotan-Horizont der Loogh-Schichten. Das „Weinbergriff" NW Kerpen (Hi; A 4) möchte ich als Ausläufer hinzuziehen; es weist aber als kalkige Überlagerung den Hallert-Horizont der Ahbach-Schichten auf (G. Fuchs 1965). Die zweite abweichende Dolomitobergrenze liegt unter den Grenzbildungen zwischen Rommersheimer und Fleringer Schichten (Struve 1955; entsprechen etwa den höheren Freilingen-Schichten) S Loogh (Hi). Diese Einstufungen haben eine kompliziertere Deutung der Dolomitgenese zur Folge (s. S. 73). Eine neue paläontologisch-mikrofazielle Bearbeitung des Kalkrahmens vom Munter-Lei-Dolomit würde genauere Aussagen zulassen.

Die Dolomitbasis schwankt in den Freilingen-Schichten, ist jedoch wie das laterale „Auskeilen" des Biostromdolomits schlecht aufgeschlossen.

Nahe dem E-Rand der NS-Zone anstehende zeitgleiche, aber kalkig erhaltene Schichten (Hi; A 29; vgl. Struve 1955) stellen die von Struve (1961) für die devonische Riffanordnung pauschal angenommene Faziesverteilung in Frage. Nach Struve sind die Riffe in sigmoidal (ungefähr NNE) verlaufender Längserstreckung im E-Teil der „Eifeler Meeresstraße" (zwischen den Inseln „Stavelotia" im W und „Istaevonia" im E) angeordnet, wobei im W die Vorriff- und Beckensedimente und im E die Lagunensedimente abgelagert wurden. Die Kalkserie westlich der Nohner Mühle — also östlich des Riffkörpers — setzt sich nicht aus Lagunen- bzw. „back-reef"-Sedimenten zusammen, sondern wird aus teils sparitischen, teils mergligen Biokalkareniten bis -ruditen (z. T. Crinoidenschuttkalke) und Mergeln mit gattungs- und artenreicher Faunengesellschaft (Trilobiten, Crinoiden, Brachiopoden — z. T. mit den großen dickschaligen Formen Bornhardtina und Stringocephalus, rugose und tabulate Korallen, Stromatoporen; vgl. Struve 1955) aufgebaut.

Annähernd schichtgebundene Dolomite an der Grenze Eifelium/Givetium werden auch von Ochs & Wolfart (1961) im Pierensberg-Horizont (Ahbach-Schichten) der Blankenheimer Mulde beschrieben und als präväriskische Dolomitbildung angesehen. Dabei ist die Obergrenze des Dolomitniveaus schichtgebunden, die Untergrenze dagegen schwankend.

Es gilt noch zu klären, ob das Dolomitmassiv der Ahrdorf-Schichten N Nettersheim (Sö) ebenfalls diesem Biostromdolomit-Typ zuzuordnen ist (vgl. Paulus 1961).

1.3.2. *An die permotriadische paläogeographische Lage und Morphologie gebundene Dolomitkörper*

Eine Beziehung zwischen der permotriadischen bzw. alttriadischen Landoberfläche und dolomitisierten Devonkalken wurde von Quiring (1913) erkannt und von Reuling (1931) weiterentwickelt. Dabei nahm Reuling die Bildung einer einheitlichen „Dolomitflur" vor Ablagerung des Hauptbuntsandstein an.

In der Eifel ist keine Lokalität aufgeschlossen, bei der Buntsandstein auf Devonkalken liegt. Da nur sehr wenig Mitteldevon/Buntsandstein-Grenzen direkt zu beobachten sind, mag es eine Beobachtungslücke sein. Bei der von G. Fuchs (1965) beschriebenen Stelle am „Weinbergriff" NW Kerpen handelt es sich nicht um Buntsandsteinreste, sondern um Relikte einer lateritischen Verwitterung.

Das permotriadische Relief ist aufgrund von Klippen devonischer Dolomite, die von triadischen Sandsteinen eingehüllt sind, bewiesen (z. B. Burg-Berg N Lissendorf — bei A 48, Grieshäuel W Ripsdorf — A 47, Ammelsbüsch N Oos — östlich von A 12). Zudem deuten die permischen Konglomerate nördlich der Sötenicher Mulde und zwischen der Dollendorfer und der Blankenheimer Mulde ein altes Talsystem an, da sie topographisch tiefer als die Karbonate der benachbarten Mitteldevonmulden liegen. Es gibt keine Anzeichen dafür, daß posttriadische Störungen das alte Talsystem vortäuschen.

Zwei permotriadisch-morphologiegebunde Dolomittypen können unterschieden werden: „Lierberg-Typ" und „Grieshäuel-Typ".

1.3.2.1. Lierberg-Typ

Die Dolomitkörper der Lierberg-Typs (nach der Höhe NE Sötenich; A 22) haben ihre Hangendgrenze in den permischen Konglomeraten, z. T. an ihrer Obergrenze und greifen zapfenartig in die unterlagernden devonischen Schichten.

Am Lierberg werden Schichten des Eifelium diskordant von einem permischen Dolomitkonglomerat mit „Dolomitzement" überlagert. Darüber folgen mürbe Sandsteine und Konglomerate (Gangquarz-, Quarzit- und Sandsteingerölle) des Hauptbuntsandstein. Der Dolomitkörper reicht unterschiedlich weit (10—20 m) in die Schichten des Eifelium.

Das permische Kalk-Dolomit-Konglomerat von Obergolbach (A 39; Sö) mit seinen Dolomitsäumen am Rand der Kalkkomponenten (s. Abb. 6) wird als laterale Randfazies eines solchen Typs angenommen.

Mehrfach gehen unterschiedliche Dolomittypen ineinander über und sind dann schwer gegeneinander abzugrenzen. So grenzt im Oberdevon-Profil des Ammelsbüsch (A 12) ein permotriadisch-morphologiegebundener Dolomitkörper an einen Biostromdolomit-Typ (s. Abb. 47).

Unter den permotriadisch-morphologiegebundenen Dolomiten haben die Dolomite des Lierberg-Typs die weiteste Verbreitung. Sie sind den topographisch höher gelegenen, annähernd schichtgebundenen Dolomitkörpern vorgelagert und besonders nördlich des Sötenicher Muldenkerndolomits und in der Salmerwald-Mulde (südlich

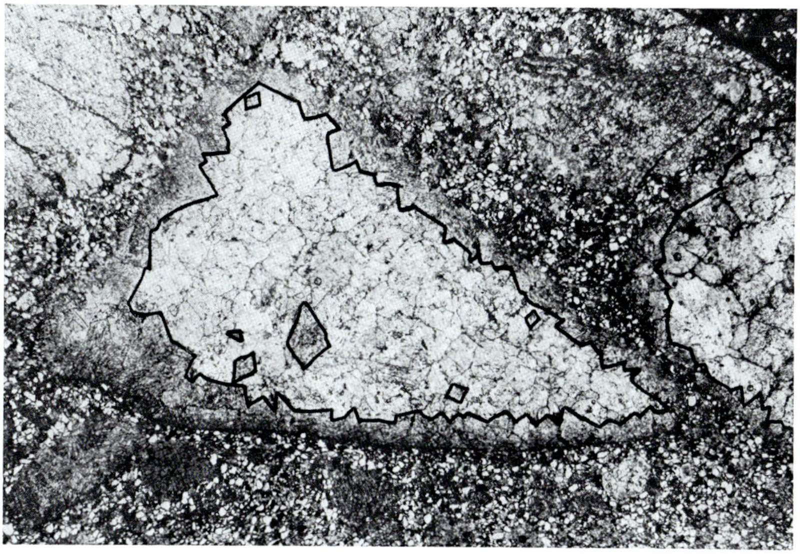

Abb. 6. Permisches Kalk-Dolomit-Konglomerat von Obergolbach (A 39) mit randlich dolomitisierten Kalkgeröllen; die Calcit-Dolomit-Grenze im Geröll ist mit Tusche nachgezogen; oben links und rechts Dolomitgerölle; Sandmatrix mit teilweise calcitisiertem „Dolomitzement". Dünnschliff; Bildlänge 1,5 cm; ohne Nicols.

Fig. 6. Permian limestone-dolomite-conglomerate from Obergolbach (Loc. A 39); limestone pebbles with dolomitized borders (shown by Indian ink); in the upper left and right are dolomite pebbles; sand matrix with partially calcitized "dolomite cement". Thin section; photograph length 1,5 cm.

Abb. 7. Permisches Kalk-Dolomit-Konglomerat von Straßbüsch (A 38); Sandmatrix mit Calcitzement. Gefärbter Anschliff; Dolomitgerölle = hell, Kalkgerölle = grauschwarz.

Fig. 7. Permian limestone-dolomite-conglomerate from Straßbüsch (Loc. A 38); sand matrix with calcite cement. Stained and polished section; dolomite pebbles = light; limestone pebbles = dark grey.

der ausgedehnten devonischen Dolomitmassive in der Gerolsteiner und Prümer Mulde) weitverbreitet.

Wichtig für die Dolomitgenese: Die permischen Konglomerate und Breccien können in die Dolomitkörper einbezogen sein. Diese Beobachtung widerspricht REULINGS Vorstellung einer v o r Ablagerung der Karbonatkonglomerate gebildeten Dolomitflur. Zudem gibt es einige nicht dolomitisierte Bereiche an der permotriadischen Landoberfläche, z. B.: die permischen Kalk- bzw. Kalk-Dolomit-Konglomerate (-Breccien) bei Fuchskaul (A 43), bei Straßbüsch (A 38; Abb. 7) und nordwestlich Sötenich (A 40) und weite Bereiche der Rohrer und Ahrdorfer Mulde. In den östlichen Muldenabschnitten sind im allgemeinen Dolomite vom Lierberg-Typ seltener als in den übrigen Bereichen der NS-Zone.

1.3.2.2. Grieshäuel-Typ

Zur Zeit des Buntsandstein haben Klippen devonischer Gesteine aus den Sanden und Konglomeraten herausgeragt. Für Dolomitklippen gibt es Beispiele in der Dollendorfer Mulde (A 47, 48, 49) und in der Prümer Mulde (kleiner Steinbruch E Ammelsbüsch, R. RICHTER 1952). Dolomitgerölle wurden in den klippennahen Sanden eingelagert und bildeten die Keime für eine Dolomitzementation. Aufgrund von Dedolomitisierung und Calcitisierung (s. S. 51) ist das ursprüngliche Ausmaß der Dolomitzementation nicht mehr rekonstruierbar.

Der Name „Grieshäuel-Typ“ bezieht sich auf die Höhe westlich Ripsdorf (Do; A 47) und verweist auf die für diesen Typ bestaufgeschlossene Stelle der Eifel.

Ein im Erscheinungsbild ähnlicher, aber genetisch anderer Typ tritt außerhalb des Arbeitsgebietes auf: Dolomitlagen und -zement im Buntsandstein der Mechernicher Triasbucht weit entfernt von Klippen devonischer Dolomite. Die Dolomitisierung wird mit Thermen in Verbindung gebracht, die postliassisch (β) und vor dem Senon die Lösungen an Störungen aszendent dem Buntsandstein zugeführt haben, während die sekundär-hydrothermale Bleivererzung später, aber auch vor dem Senon erfolgt ist (PICARD 1954).

1.3.3. *Fleckendolomit-Typ*

Einzelne Dolomitrhomboeder, zuweilen auch kleinere Dolomitaggregate, „schweben“ beim Fleckendolomit-Typ in Kalken oder kalkigen Sandsteinen und Ton/Mergelsteinen, ohne daß das Gestein in Verbindung zu einem der genannten Dolomitkörper-Typen steht.

Der häufige Fe-haltige Dolomitanteil macht meist weniger als 1 % aus. In den relativ eisen- und crinoidenreichen „Pseudoolithen“ der Heisdorfer Schichten und des Hundsdell-Horizontes (Nohner Schichten) kann der Dolomitgehalt bis über 5 % ansteigen. Ein geschlossenes Dolomitgefüge ist für diesen Typ nicht nachgewiesen worden.

In den oberflächennahen Aufschlüssen können lokale Dolomitisierungserscheinungen, die dem Fleckendolomit-Typ ähnlich sind, Liegendsäume abgetragener Dolomitkörper darstellen (z. B.: teilweise dolomitisierte Matrix von Korallen-Stromatoporen-Biostromen der Fleringer Schichten südlich Rohr, Ro). Doch schließen regionale Betrachtungen (z. B. NE-Teil der Ahrdorfer Mulde) häufig eine Beziehung zu Dolomitkörpern aus. Andererseits sprechen z. B. Dolomitrhomboeder in calcitgefüllten Fiederspalten für einen ehemals überlagernden permotriadischen Dolomit-Typ (postvariskisch; vgl. S. 29).

Geeignete Aufschlüsse für diesen Typ wie für den Grieshäuel-Typ sind selten. Daher werden im petrographischen Teil vorwiegend der Biostromdolomit- und der Lierberg-Typ (dort: devonische bzw. permotriadische Dolomitkörper) abgehandelt.

2. Petrographischer Teil

2.1. Methodik

Die röntgenographischen Daten wurden mit folgendem Gerät ermittelt:
Philips - Großwinkelgoniometer PW 1050/25 mit AMR-Monochromator vor dem Zählrohr
Generator: Müller - Mikro 1011

Meßeinrichtung: Philips PW 1352/10, PW 1353/00, PW 1355/10
Röhre: Cu
Röhrenbelastung: 30 kV / 20 mA
Blenden: Divergenzblende 1°
Philips 1° Streustrahlenblende als Eintrittsblende
AMR Vorblende

Winkelgeschwindigkeit: 1/4° /min
Zeitkonstante: 4
Papiervorschub: 300 mm/h

Die achatgemörserten Proben wurden in das rechteckige Fenster von Aluminium-Küvetten eingedrückt. Die d-Werte der Karbonatreflexe wurden gegen den Hauptreflex von beigemengtem Quarz ($d_{(101)}$ = 3,343 Å nach Brown 1961) korrigiert. Die Auswirkung von Fehlerquellen konnte durch mehrmaliges Überfahren (mindestens 2 mal) des erforderlichen Winkelbereiches und durch anschließende Mittelwertbildung weiter verringert werden. Die Werte geben die $CuK\alpha_1$-Strahlung wieder, da keine Mittelwertbildung mit dem $CuK\alpha_2$-Anteil nach Parrish & Irwin (1953) vorgenommen worden ist.

Ca, Mg — Bestimmung: komplexometrisch nach Schwarzenbach (1948), G. Müller (1964) und Schwarzenbach & Flaschka (1965); Calconcarbonsäure und Eriochromschwarz T als Indikatoren.

FeO — Bestimmung: titrimetrisch mit Kaliumdichromat; Diphenylamin als Indikator.
Mn, Sr — Bestimmung: ZEISS-Spektralphotometer PMQ II

Die FeO-, Mn- und Sr-Bestimmungen beziehen sich auf den HCl-löslichen Anteil der Karbonatgesteine.

Zur Karbonatunterscheidung wurden die Dünn- und Anschliffe mit n/8-salzsaurer Kaliumferricyanid-Lösung und n/8-salzsaurer Alizarin-Rot-S-Lösung gefärbt (Evamy & Shearman 1962, Dickson 1966, siehe Füchtbauer 1970 — S. 358). Calcit wird rot, Fe-Calcit violettblau und Fe-Dolomit blaugrün gefärbt; Dolomit, Siderit, Magnesit und Rhodochrosit verfärben sich nicht.

2.2. Karbonate

2.2.1. *Dolomitisierbarkeit*

Struve (1952 b) hat die „Dolomitisierungswilligkeit“ zur Ausdeutung eines schichtgebundenen Dolomitvorkommens (Grenzbereich Eifelium/Givetium) N Niederehe (Hillesheimer Mulde) verwendet. Für den Dolomit hielt er eine selektive, postvariskische Genese aufgrund unterschiedlicher „Dolomitisierungswilligkeit“ der Kalke für möglich.

Das Vorrücken einer „Dolomitfront“ kann nur im Saum der Dolomitkörper beobachtet werden, speziell im Übergangsbereich vom geschlossenen zum offenen Dolomitgefüge. Die wichtigste Bedingung für das Wandern der Mg-reichen Lösungen ist die Permeabilität des Sedimentes. Da die heutige Permeabilität der devonischen Kalksteine wegen späterer Calcit-Zementation und anderer Vorgänge sehr wahrscheinlich nicht der für die Dolomitgenese entscheidenden Durchlässigkeit entspricht, wurde auf derartige Messungen verzichtet. Die folgenden Beobachtungen über die Dolomitisierbarkeit beruhen auf Gelände- und Dünnschliffbildern.

2.2.1.1. Beziehung zu Kalk und Mergel

Schichtgrenzen und Mergellagen bzw. tonige Partien (s. Abb. 8) werden bevorzugt dolomitisiert. Bei den Randzonen permotriadischer Dolomitkörper geht die schichtparallele Dolomitanreicherung meist von Klüften und Störungen aus.

Beispiele: a) Im großen Stbr. SE Sötenich (A 23) ist der Calcit der tonreicheren Lagen der Spickberg-Schichten (etwa Dreimühlen-Schichten) vgl. PAULUS 1961) nahe einer dolomitisierten Störungszone teilweise in Dolomit umgewandelt, während die tonärmeren Lagen unbeeinflußt blieben (Lierberg-Typ). b) Ammelsbüsch-Profil N Oos (A 12): Die Mg-Lösungen (z. T. von Klüften ausgehend) haben zunächst die tonigen Hangendlagen von Kalkturbiditen (Ooser Plattenkalk) ergriffen und dringen von dort in die gröberen und calcitreicheren Kalkarenite ein (Abb. 9; Lierberg-Typ).

Abb. 8. Von den Schichtfugen in eine Kalkbank vorrückende Dolomitisierung; Liegendsaum des Schönecker Dolomits (A 17 a). Gefärbter Anschliff; Dolomit = hell, Calcit = grauschwarz.

Fig. 8. Dolomitization advancing from bedding planes (top and bottom) into a limestone layer; lowermost Schönecken Dolomite (Loc. A 17 a). Stained and polished section; dolomite = light; calcite = dark grey.

Abb. 9. Im Liegendsaum des permotriadischen Dolomitkörpers bei A 12 werden die mergeligen Lagen (oben) vor den karbonatreicheren (unten) dolomitisiert; in einer Kluft wird Calcit durch Dolomit verdrängt. Ungefähr 1 m über der Probenentnahmestelle ist die gesamte steilstehende Schichtenfolge dolomitisiert. Gefärbter Anschliff; Dolomit = hell; Calcit = grauschwarz.

Fig. 9. Marly layers (top) were dolomitized prior to limestones; lowermost part of Permotriassic dolomite at locality A 12. In the thick joint, calcite is partly displaced by dolomite. About 1 m above the sample, the whole rock is dolomitizied. Stained and polished section; dolomite = light; calcite = dark grey.

c) Im Steinbruch NW Kerpen (A 4) werden im Basisbereich des Weinbergriffs (Nollenbach-Horizont = obere Freilingen-Schichten; vgl. G. Fuchs 1965) die tonhaltigen Biokalkarenite einer dm-Wechsellagerung mit latilamellaren Stromatoporen zuerst dolomitisiert (Biostromdolomit-Typ; kein Typ-spezifisches Bild).

Die Kalk-Dolomit-Wechsellagerung kann örtlich bis in den mm-Bereich verfolgt werden, steht aber immer in einer Beziehung zu Dolomitkörpern.

Da ein gewisser Glimmer- und Tonmineralanteil (> 2 % nach Zankl 1969) die Zementation hemmt, bleibt die Permeabilität in Mergel-Lagen höher, sodaß hier die Mg-Lösungen leichter einwirken können. Erst karbonatarme Tonlagen hemmen eine Dolomitfront (Lang 1964).

2.2.1.2. Beziehung zu Fossilien, Matrix, Zement und Calcit-Klüften

Bei frühdiagenetischen Dolomiten wird häufig eine bevorzugte Dolomitisierung bestimmter Sedimentbereiche bzw. Fossilskelette beobachtet, da noch keine diagenetischen Veränderungen wie „inversion" (Aragonit → Calcit), „exsolution" Mg-Calcit → Calcit) oder „dissolution" mit anschließender Calcitzementation (vgl. Land 1967) stattgefunden haben, und die einzelnen Komponenten deshalb eine unterschiedliche Löslichkeit besitzen. Nach V. Schmidt (1965) hat die frühdiagenetische Dolomitisierung der Gigas-Schichten (oberer Jura) Nordwestdeutschlands die tonreiche Kalkmatrix vor der tonarmen erfaßt, und bei zunehmender Dolomitisierung wurden die aragonitischen Fossilbruchstücke vor den calcitischen umgewandelt. Zorn (1971) erwähnt aus triassischen Gesteinen der Tessiner Kalkalpen eine bevorzugte Dolomitisierung von Mikrithüllen um Biogene und Detritus, von mikritischen Stromatolithlagen und seltener von Diploporen, vor den übrigen Bestandteilen des Sediments. Eine bevorzugte Dolomitisierung bestimmter Fossilskelette kann in den Randbe-

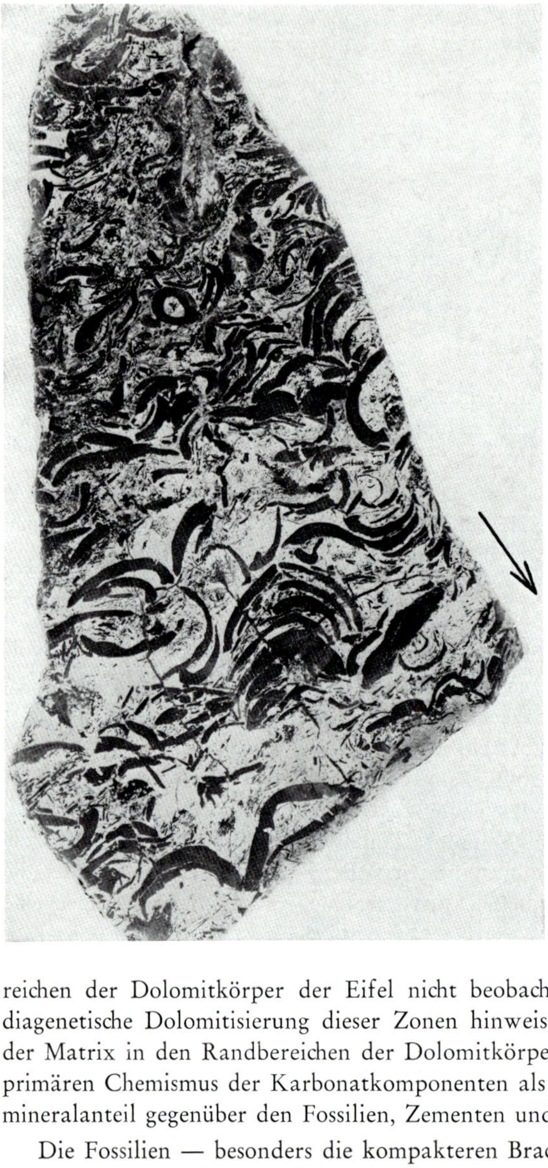

Abb. 10. Teilweise dolomitisierter Brachiopoden-Schillkalk im Liegendsaum des Schönecker Dolomits (A 17 b); die Matrix wird von den Fossilien dolomitisiert; der Pfeil zeigt ins Liegende. Gefärbter Anschliff; Dolomit = hell, Calcit = grauschwarz.

Fig. 10. Partially dolomitized brachiopode limestone from the lowermost part of the Schönecken Dolomite (Loc. A 17 b); with few exceptions, only the matrix was dolomitized; the arrow points downward. Stained and polished section; dolomite = light; calcite = dark grey.

reichen der Dolomitkörper der Eifel nicht beobachtet werden, was auf eine spätdiagenetische Dolomitisierung dieser Zonen hinweist. Die selektive Dolomitisierung der Matrix in den Randbereichen der Dolomitkörper beruht daher weniger auf dem primären Chemismus der Karbonatkomponenten als vielmehr auf dem höheren Tonmineralanteil gegenüber den Fossilien, Zementen und Calcitklüften (vgl. 2.2.1.1.).

Die Fossilien — besonders die kompakteren Brachiopoden (s. Abb. 10), Korallen, Stromatoporen und Crinoiden — stellen die resistenten Partien der devonischen Kalksteine dar. Da eine fortschreitende Dolomitisierung von der Matrix aus vorgreift, werden die kleinen und dünnschaligen Formen zuerst umgewandelt.

Die bevorzugte Dolomitisierung der Lebensspuren im Ooser Plattenkalk bei A 12 (Pr) dürfte ebenfalls eine Folge ihres höheren Tongehaltes sein.

Die Zemente (s. S. 28 f) sind weniger widerstandsfähig als die Fossilien, aber stärker als die Matrix. Bei einem Geopetalgefüge in einem dickschaligen Brachiopoden werden zunächst Matrix und Zement A dolomitisiert, während Zement B fast und

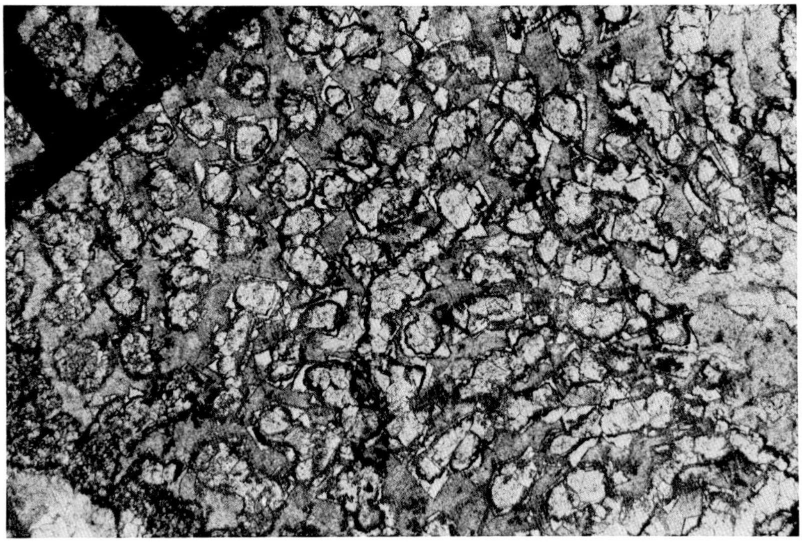

Abb. 11. Eine teilweise dolomitisierte Thamnopora aus dem Liegendsaum des Schönecker Dolomits (A 17 a); die Dolomitkristalle wachsen von den Poren aus in die Koralle. Oben links mm-Maßstab; ohne Nicols.

Fig. 11. Partially dolomitized Thamnopora from the lowermost part of the Schönecken Dolomite (Loc. A 17 a); large dolomite crystals grew from the pores into the coral skeleton. Late diagenetic dolomitization. Thin section; mm scale in the upper left.

die Brachiopodenschale gänzlich unverändert vorliegen. Wahrscheinlich führte der Zement A zur Zeit der Dolomitisierung noch einen erhöhten Mg-Anteil. LAND (1967) beschreibt aufgrund der Beobachtungen von CULLIS (1904) und chemischen Daten von SCHMALZ (unveröffentlichtes Manuskript) eine bevorzugte Dolomitisierung von Mg-Calcit-Zement gegenüber calcitischen Fossilskeletten (Funafuti-Bohrung).

Auch zementierte Hohlformen in Fossilien werden vor diesen allochemisch umgewandelt. So wachsen die Dolomitkristalle vom Zentralkanal der Crinoiden und von den Poren der Korallen und Stromatoporen in die biogenen Gerüstteile (Abb. 11), unabhängig von einer Matrix- oder Zementfüllung. Eventuell war die Zementation zur Zeit der Dolomitisierung noch nicht vollkommen.

2.2.2. *Fossilerhaltung*

Die Dolomitisierung verwischt zumeist den Feinbau der Fossilien und läßt häufig nur noch deren äußere Konturen erkennen. Deshalb enden die paläontologisch-stratigraphischen Bearbeitungen der Eifelkalkmulden vorwiegend an den Grenzen zu Dolomitgesteinen.

Im geschlossenen Dolomitgefüge haben die Echinodermenbruchstücke oft die allochemische Umwandlung überstanden, indem die Calcit- durch Dolomiteinkristalle ersetzt wurden. In einzelnen Fällen (z. B. A 32) gibt ein opakes Pigment noch die Siebstruktur der Crinoidenstielglieder wieder. Am Rand der Echinodermenfragmente und in Lösungszonen derselben treten häufig vom Einkristall abweichend orientierte Dolomitkristalle auf, deren Keime außerhalb der Echinodermenbruchstücke lagen

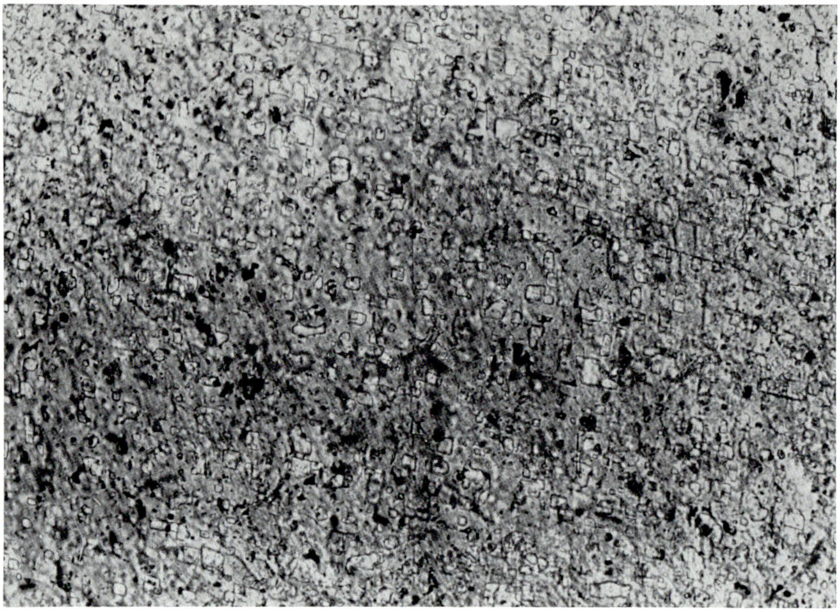

Abb. 12. Homoaxial orientierte Dolomitkristalle in einem Echinodermen-Bruchstück. Die „Fleckendolomite" sind unabhängig von den devonischen und permotriadischen Dolomitkörpern aufgrund der Instabilität von Mg-Calcit entstanden. Dünnschliff; Bildlänge 0,5 mm.
Fig. 12. Echinoderm fragment containing dolomite crystals, the lattice of which coincides with the host crystal. "Spotty dolomite", independent of the Devonian biostromal dolomites and the Permotriassic "Geländedolomite". Thin section, width of photograph 0,5 mm.

(Lucia 1962). Bei den „Geländedolomiten" und in den Randbereichen der Biostromdolomite treten die abweichend orientierten Dolomitkristalle an der Peripherie der homoaxialen Anwachssäume auf, sofern eine homoaxiale Zementation zu erkennen ist. Die Dolomitisierung hat in diesen Fällen nach der Zementation stattgefunden.

Die Echinodermenbruchstücke können auch unabhängig von den devonischen und permotriadischen Dolomitkörpern teildolomitisiert sein (Fleckendolomite). Winzige Dolomitkristalle sind in den Fossilskeletten optisch gleich orientiert verteilt (Abb. 12). Die Dolomite dürften aufgrund der Instabilität von Hoch-Mg-Calcit (Chave 1964) nach der Zementation (daher keine Mg-Abgabe an das Porenwasser) entstanden sein. Bei den zementierten Crinoidenkalken sind diese Dolomitkristalle in den Echinodermenfragmenten gegenüber den homoaxialen Anwachssäumen angereichert, was auf einen primär höheren Mg-Gehalt der Echinodermenskelette zurückzuführen sein dürfte.

Bei den calcitbauenden Brachiopoden und Korallen (Rugosa und Tabulata; Mg-Calcit nach Richter, 1972) kann im Zentralbereich und in den inneren Zonen der Randsäume der Dolomitkörper die Anordnung der ehemaligen Calcitfasern häufig noch beobachtet werden (Abb. 13), während der Feinbau direkt am Rand und außerhalb des geschlossenen Dolomitgefüges verloren geht.

Eine andere Art der Strukturerhaltung konnte bei punctaten Brachiopoden beobachtet werden. Während isometrische Dolomitkristalle den calcitischen Faserbau

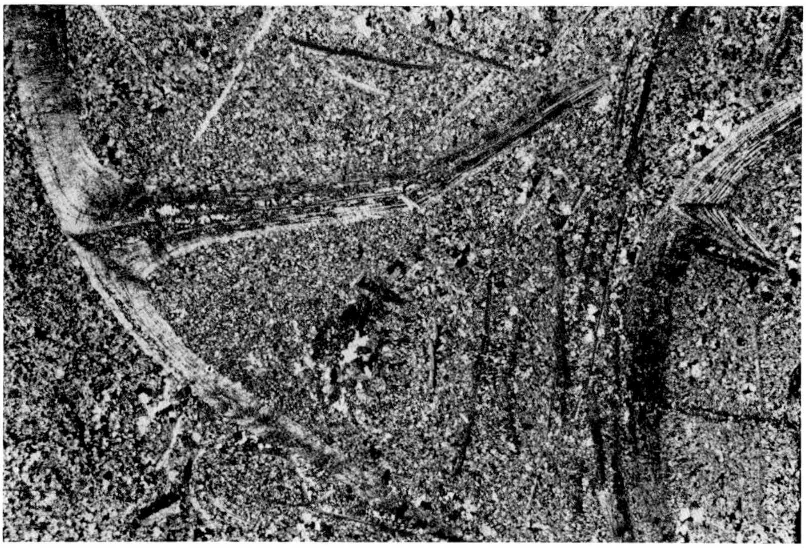

Abb. 13. Dolomitisierte Brachiopoden mit gut erhaltener Schalenstruktur; Schönecker Dolomit (A 18). Bildlänge 2,5 cm; gekreuzte Nicols.
Fig. 13. Dolomitized brachiopods with well preserved shell structure (Schönecken Dolomite, loc. A 18). Picture length 2,5 cm; crossed nichols. The whole thin section is dolomite.

ausgelöscht haben, vermochten sie nicht, das opake Pigment der „Kanälchen" zu verdrängen, sodaß die punctate Struktur erhalten geblieben ist (Abb. 14).

Die Skelettstruktur der aragonitbauenden Stromatoporen (Bøggild 1930; Richter 1972) ist in calcitischer Erhaltung bereits weniger gut (meist Transformation) und im dolomitisierten Zustand oft nur noch schemenhaft zu erkennen. Nur in den höheren Zonen der Zentralbereiche der Biostromdolomite wird der Feinbau trotz isometrischer Dolomitkristalle durch nichtverdrängtes opakes Pigment noch angedeutet. Die gleiche Erhaltung zeigen Gastropodenschalen aus dem Wallersheimer Dolomit.

Die Strukturerhaltung in den Zentralbereichen der Dolomitkörper könnte durch unterschiedliche Keimbildungs- und Wachstumsgeschwindigkeit der Dolomitkristalle erklärt werden. Die strukturerhaltende Dolomitisierung, wie sie vor allem für die (feiner kristalline, da aus magnesiumreicheren Lösungen gespeiste) frühdiagenetische Dolomitisierung typisch ist, erklärt sich durch ein höheres Mg-Angebot im Innern der Dolomitkörper, während am Außenrand derselben aus den dort magnesiumärmeren Lösungen größere Kristalle wachsen, da die Keimbildungsgeschwindigkeit geringer ist. Eine größere Anzahl an Keimen erhöht die Möglichkeit, daß sich Dolomitkristalle bilden, die die gleiche Orientierung wie die Kristalle der Skelette aufweisen. Bei größeren Dolomitkristallen ist die Chance homoaxialer Orientierung nur dort gegeben, wo sich der Keim bildete.

Die Nachzeichnung der Lagenstruktur durch eingeschlossene opake Substanz mag im schnellen Wachstum der umhüllenden Dolomitkristalle begründet sein. Dieses ist ebenfalls nur bei hohem Mg-Angebot vorstellbar.

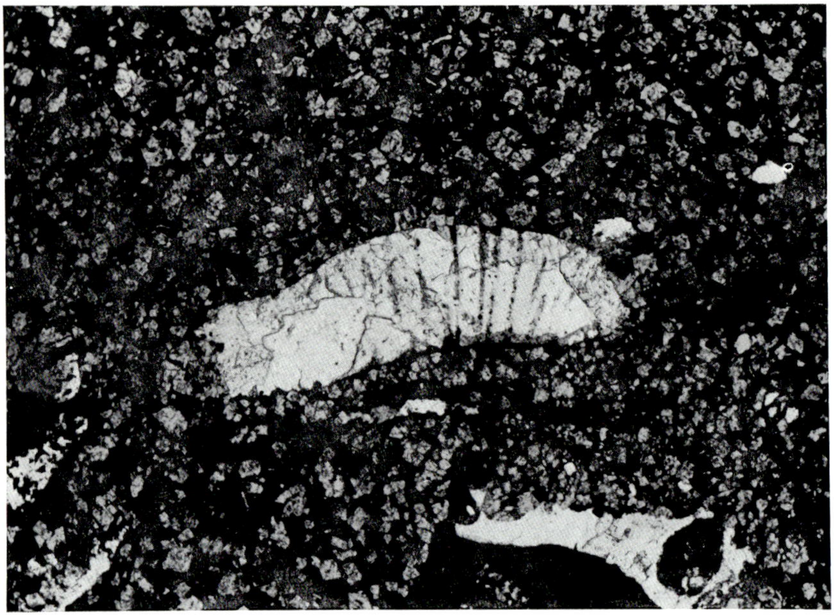

Abb. 14. Spätdiagenetisch dolomitisiertes Bruchstück einer punctaten Brachiopodenschale. Isometrische Dolomitkristalle haben den calcitischen Faserbau ausgelöscht, aber das opake Pigment in den „Kanälchen" nicht verdrängt (A 32). Dünnschliff; schwarz = Fe-Erz; Bildlänge 1,2 mm.
Fig. 14. Late-diagenetic dolomite replacing a fregment of a punctate brachiopod and destroying the original fibrous structure. The opaque inclusions, however, indicate the original perforations (Loc. A 32). Thin section; black = iron ore; picture length 1,2 mm.

Während innerhalb der Dolomitkörper eine Zonierung bezüglich der Fossilerhaltung beobachtet werden kann, bestehen diesbezüglich keine Unterschiede zwischen den einzelnen Dolomittypen. Die beste Konservierung der Strukturen weisen die Fossilien im oberen Schönecker Dolomit (i. e. S.) und im Wallersheimer Dolomit des Steinbruches Operich NW Büdesheim (A 11; Struve 1964) und im oberen Bereich des Munter-Lei-Dolomits auf. Die in diesen Zonen teilweise erhaltene Schalenstruktur der aragonitbauenden Fossilien mag eine Dolomitisierung von Aragonit ohne zwischengeschaltetes Calcitstadium andeuten (vgl. Genese der Dolomite).

2.2.3. *Form der Dolomitkristalle*

Das offene Dolomitgefüge wird durch euhedrale Kristalle mit Rhomboedertracht geprägt. Dabei kommen geradflächige und gekrümmte Rhomboeder vor. Stärker zonar gebaute Individuen zeigen ein bevorzugtes Wachstum der Flächenmitten an: An den Kanten entstehen einspringende Winkel (Abb. 15).

Im geschlossenen Dolomitgefüge haben sich die Kristalle beim Wachstum gegenseitig behindert, so daß hypidiotopische bis xenotopische Gefüge entstehen. Häufig treten stylolithenähnliche Kristallgenzen auf (Abb. 16), die vereinzelt in den getrübten Kern des Nachbarkristalls reichen (vgl. S. 38). Die „Mikrostylolithen" zeigen dabei chemische Umlagerungen (Auflösung — Ausscheidung) auf engstem Raum an. Für eine Erklärung bleiben mehrere Möglichkeiten: a) Umkristallisation Ca-haltiger

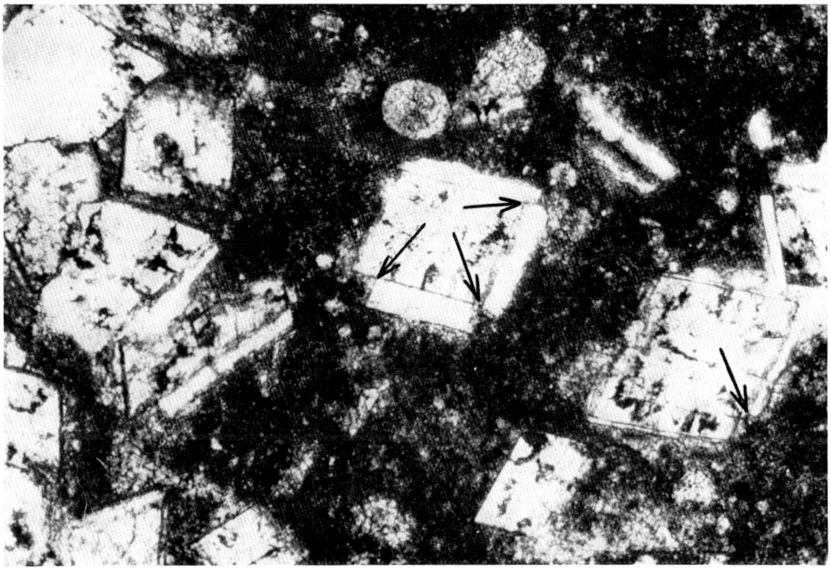

Abb. 15. Dolomitkristalle mit bevorzugtem Wachstum der Flächenmitten; offenes Dolomitgefüge im Hangendsaum des Munter-Lei-Dolomit (A 7); die Pfeile deuten auf die einspringenden Winkel. Bildlänge 1,2 mm.

Fig. 15. Dolomite crystals showing hampered growth at the crystal edges (arrows) in open dolomite fabric. Uppermost Munter-Lei--Dolomite(Loc. A 7). Picture length 1,2 mm.

Abb. 16. Stylolithenähnliche Begrenzung von Dolomitkristallen aus dem Zentralbereich des Munter-Lei-Dolomit; der Pfeil weist auf eine Kristallgrenze, an der ein Dolomitkristall (rechts) bis in den gefüllten Kern eines Nachbarkristalls „vorgedrungen" ist. Bildlänge 700 μ.

Fig. 16. Different outlines (idiotopic and indentated) of dolomite crystals; central Munter-Lei-Dolomite; the arrow indicates indentation of a crystal extending into the cloudy core of an adjacent crystal, i. e. crystal enlargement occurrend in addition to dolomitization. Picture length 700 μ.

in stöchiometrische Dolomite während der Dolomitisierung, denn die Dolomite des jetzigen Zentralbereiches lagen auch einmal im Bereich der Dolomitfront (Bildung von Ca-Dolomiten), und danach durchströmten noch große Mengen an Mg-Lösung das geschlossene Dolomitgefüge und wandelten stratigraphisch ältere Kalkpartien um (vgl. Genese der Dolomitkörper S. 71 ff); b) spätdiagenetische Sammelkristallisation nach Bildung der Dolomitkörper. Die zusätzliche Bedeutung eines lithostatischen Druckes dürfte schwer zu beurteilen sein, da die „Mikrostylolithen" allseitig auftreten können.

Das kontinuierliche Verschwinden der oben beschriebenen zonaren Dolomit-XX mit einspringenden Kanten vom Saum zum Zentralbereich der Dolomitkörper ist durch Lösungsvorgänge zu erklären, da die Kristallflächenbegrenzung durch Lösungsporen (s. S. 31) verloren geht oder neue Dolomit-XX die älteren verdrängen, ohne daß die einzelnen Kristallzonen systematisch von den Kanten zur jeweiligen Flächenmitte abgebaut werden.

2.2.4. *Größe der Dolomitkristalle*

Die arithmetischen Mittelwerte der größten Kristalldurchmesser von 140 im Dünnschliff untersuchten Dolomitkollektiven (jeweils mindestens 200 Kristalle) variieren zwischen 30 und 650 μ, während das Mittel bei 110 μ liegt (Summenkurve d in Abb. 17). Da die Werte auf der Kristallanzahl beruhen, würde eine gewichtsmäßige Berechnung die Mittelwerte erhöhen.

Die Kristallgröße ist vom Ton- und Schluffgehalt abhängig (s. Abb. 18; durch karbonatarme Proben ergänzt, die nicht in Abb. 17 verwertet worden sind). Proben mit einem erhöhten nichtkarbonatischen Feinanteil weisen kleinere Dolomitkristall-

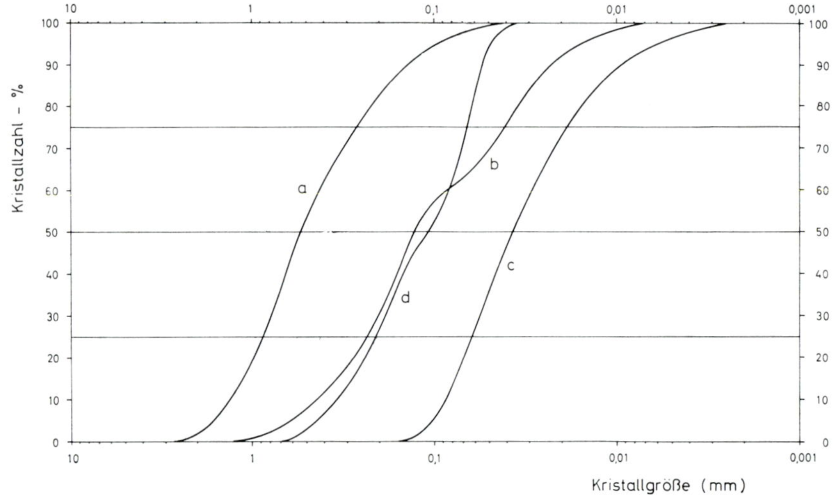

Abb. 17. Kristallgrößenverteilungen von Dolomiten: a) Probe mit einem Feinanteil (Ton und Schluff des HCl-Rückstandes) < 1 %, b) von 2 %, c) von 7 %; d) Verteilung von 140 Mittelwerten.

Fig. 17. Dolomite crystal size distribution (cumulative curves), showing smaller size for samples with more insoluble residue: a) sample with < 1 weight-% insoluble in HCl (clay and silt), b) 2 % insoluble, c) 7 % insoluble; d) distribution of 140 median values.

größen auf. MARSCHNER (1966, 1969) führt diese Tendenz auf eine mit steigendem Tongehalt zunehmende Wachstumsbehinderung der Karbonatkristalle durch umhüllende Tonminerale zurück. Das gleiche Prinzip wurde für die mit abnehmendem Tongehalt zunehmende Sammelkristallisation von Kalksteinen angenommen (BAUSCH 1968).

Die dolomitisierten Fossilien weisen aufgrund ihres geringen Ton- und Schluffanteils relativ große Karbonatkristalle auf (Summenkurve a in Abb. 17). Die Dolo-

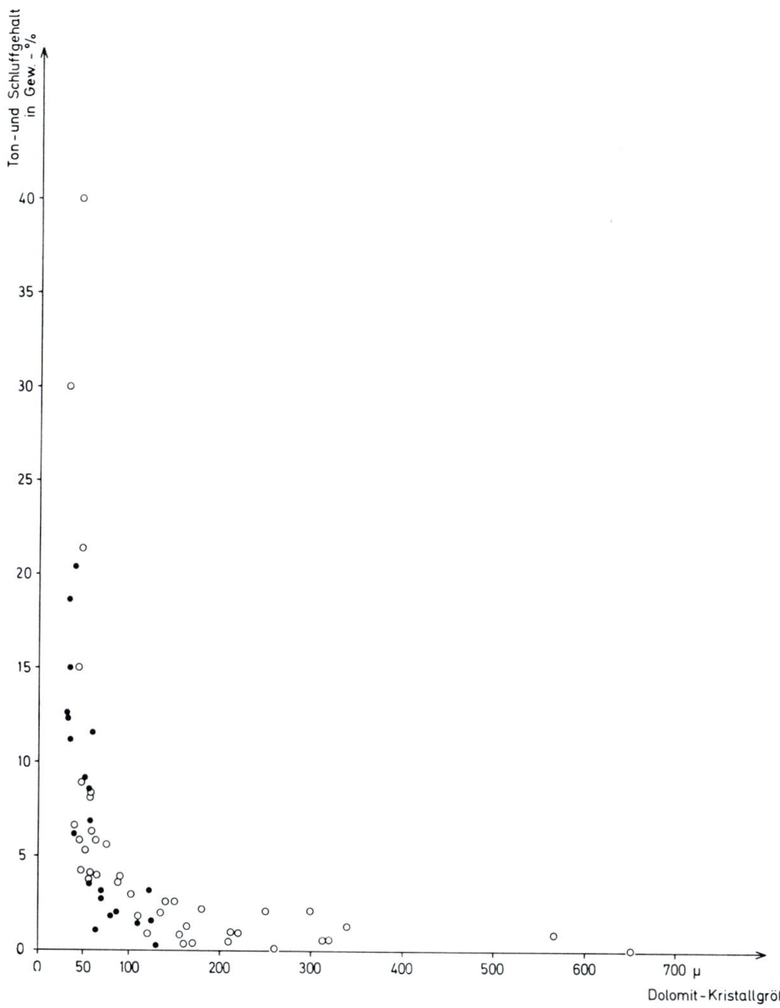

Abb. 18. Beziehung zwischen der mittleren Dolomit-Kristallgröße (µ) und dem jeweiligen Ton- und Schluffgehalt (Gew.-%). ● = Proben aus den oberen Bereichen devonischer Dolomitkörper, direkt im Liegenden der Ca-Dolomit-führenden Hangendsäume; ○ = Dolomite der übrigen Bereiche.

Fig. 18. Relation between the median dolomite crystal size (µ; abscissa) and the clay and silt contents (weight-%; ordinate). ● = samples from the upper zone of the biostromal dolomites (early diagenetic dolomites); ○ = dolomites of the remaining zones (late diagenetic dolomites): Smaller crystal size in early diagenetic than in late diagenetic dolomites.

mitkristalle der Fossilien sind durchschnittlich 2- bis 3-mal so groß wie die der Karbonatmatrix. Dolomitisierte Mischgesteine (unterschiedliche Verteilung des Feinanteils in einer Probe), wie z. B. tonige Biokalkarenite, ergeben bezüglich ihrer Dolomitkristallgröße zwei Maxima, wobei die höheren Werte den Fossilien und die niedrigeren der tonigen Karbonatmatrix zuzuordnen sind (Summenkurve b in Abb. 17). Diese Beziehung beeinflußt auch die Summenkurve aller Mittelwerte (Kurve d in Abb. 17).

Im Gegensatz zu den permotriadischen, morphologiegebundenen Dolomittypen treten in den hangenden Dolomitbänken der devonischen, schichtgebundenen Biostromdolomite relativ geringe Kristallgrößen auf (s. Abb. 18), welche den in frühdiagenetischen Dolomiten beobachteten Werten (nach FÜCHTBAUER & H. GOLDSCHMIDT 1965 $< 20\,\mu$) nahestehen. Die Vergröberung der Kristalle in den Eifeldolomiten mag auf einer Sammelkristallisation beruhen.

2.2.5. *Beziehungen zwischen Calcitzement und Dolomitisierung*

2.2.5.1. Zemente A und B

Die Karbonatzementationstypen lassen sich nach FÜCHTBAUER (1969; 1970, S. 354 ff) in eine frühdiagenetische Gruppe (Zement A aus Aragonit, Mg-Calcit oder Calcit) und eine spätdiagenetische (Zement B aus Calcit oder Fe-Calcit) aufteilen.

In den devonischen Kalken der Eifel sind Zwickelporen (interparticle porosity), Hohlformporen oder Partikelporen (intraparticle porosity) und Kavernen (vugs) (FÜCHTBAUER 1970, S. 401 ff) die Träger der Zemente A. Meist besetzt ein calcitischer Rasen (z. T. eventuell umgewandelt aus Aragonit oder Mg-Calcit) mit Kristallgrößen $< 50\,\mu$ die Porenwände. Daneben konnte ein grober (0 bis über $100\,\mu$), wandständiger Calcitzement A beobachtet werden, der besonders in Brachiopoden oberhalb von internem Sediment auftritt, mitunter aus Fe-Calcit besteht und bevorzugt dolomitisiert wurde.

Crinoidenführende Kalksteine weisen homoaxiale Anwachssäume um die Echinodermenfragmente auf, wobei der innere Teil des Anwachssaumes aus Calcit, der äußere aus Fe-Calcit aufgebaut sein kann. Nach EVAMY & SHEARMAN (1965) zeigt ein derartiges Zementationsbild ein früh- bzw ein spätdiagenetisches Kristallisationsstadium.

Den schwer faßbaren „Diagenesesprung“ zwischen den Zementen A und B können wandständige Calcitprismen ebenfalls überbrücken. Dabei reicht ein faseriger Zement A bis in die Porenmitte (vgl. GERMANN 1968 — Abb. 17), die größeren Calcitprismen wachsen schneller als die kleineren und der Fe-Gehalt kann (z. T. ungleichmäßig) im Laufe des Kristallwachstums zunehmen (Abb. 19).

In den dolomithaltigen devonischen Eifelkalken hat die Dolomitisierung nach der Zementation A stattgefunden; aufgrund einer mehrmaligen Dolomitbildung lassen sich drei calcitische Zemente B unterscheiden:

Kalksedimentation
Zement A
1. Zement B_1
devonische Dolomitisierung

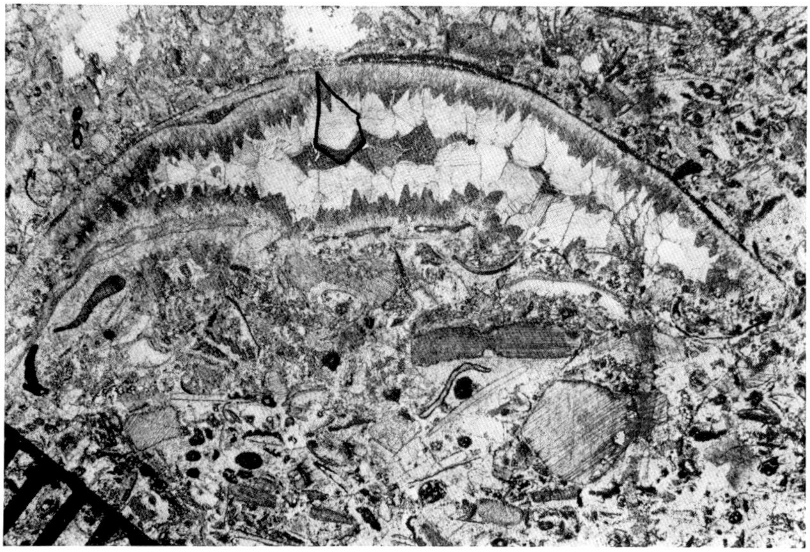

Abb. 19. Calcitzementierte Wasserwaage. Kleine wandständige Kristalle gehen homoaxial in große der Drusenmitte über (ein Kristall ist schwarz umrandet); beim Wachstum setzen sich die relativ großen Calcitkristalle des randnahen Rasens (mittel- bis dunkelgrau) gegenüber den kleineren durch. Während der Spatisation wird ein unterschiedlicher Fe-Gehalt ins Gitter eingebaut: Die Zement A-Kristalle beginnen mittelgrau (Calcit) und werden stetig dunkler (Fe-Calcit); an scharfer Grenze setzt homoaxial der Zement B ein, zunächst hell (Calcit), im Zentrum der Druse nochmals an scharfer Grenze in Fe-Calcit (dunkel) übergehend. Gefärbter Dünnschliff; unten links mm-Maßstab.

Fig. 19. Biocalcarenite with calcite and Fe-calcite cement and geopetal fabric in places. The fibrous calcite crystals of the brachiopod shell are overgrown homoaxially by Fe-calcite crystals (one crystal is outlined in black) projecting into the interior of the void. With sharp borders though homoaxially, calcite cement B was formed, and finally continuous Fe-calcite filled the center of the void. Stained thin section; below left mm-scale.

2. Zement B_2
   permotriadische Dolomitisierung
3. Zement B_3

Der älteste Zement B (B_1) füllt mit großen, isometrischen, teilweise Fe-haltigen Calcitkristallen die Restlumen der Zwickelporen, Partikelporen und Kavernen in den devonischen Kalksteinen und ist vor den jeweiligen devonischen Dolomitisierungen gebildet worden. Die Calcitzemente B_2 und B_3 haben Hohlformen (häufig mit mehreren cm ϕ) in den Dolomitgesteinen ausgefüllt und gehen gelegentlich in Calcitisierungszonen des Dolomits über. Eine Trennung der Zemente B_2 und B_3 ist nur aufgrund der Dolomitisierung möglich. Der Zement B_2 kann vollständig oder teilweise dolomitisiert vorliegen und wurde nur im Biostromdolomittyp beobachtet, z. B. im Wallersheimer Dolomit bei A 12. Da in diesem Aufschluß der Biostromdolomittyp (Schönecker Dolomit i. w. S.) in einen permotriadisch-morphologiegebundenen Dolomittyp übergeht (dolomitisierter Ooser Plattenkalk; vgl. Kurzkommentar A 12), wird der gleiche Zeitpunkt für die Dolomitisierung des Ooser Plattenkalkes und des Zementes B_2 angenommen (Permotrias). Der nicht dolomitisierte Zement B des Lierberg-Typs wird als jüngere Bildung angesehen (postpermotriadisch) und erhält die Bezeichnung B_3. Calcitzemente vom Alter des Zementes B_3 mögen auch im Biostromdolomittyp vorkommen, sind aber wegen des gleichen Erscheinungsbildes nicht vom nichtdolomitisierten Zement B_2 zu trennen.

In den klastischen permotriadischen Gesteinen findet man einen isometrischen, grobspätigen Calcitzement B. Nur in einem permischen Kalkkonglomerat bei Neuhaus (A 43 a) konnte ein faseriger, wandständiger Calcitzement (Poren-⌀ bis über 1 cm) beobachtet werden, der bis in die Porenmitten reicht. Die örtliche Dolomitisierung der Zemente in den permischen und triadischen Gesteinen steht mit der permotriadischen Morphologie in Verbindung (s. S. 74 f).

2.2.5.2. Zementierte Klüfte

Die tektonischen Bilder der Eifel werden überwiegend durch variskische, faltungsbezogene Bewegungen geprägt (Schenk 1938). Eine jüngere Bruchtektonik läßt sich von den Verstellungen der Buntsandstein-Schichten ableiten. Diese zweimalige tektonische Beanspruchung kann Anhaltspunkte für die Datierung von Dolomitisierungsvorgängen liefern:

a) Bei Ahrhütte (A 17 a) ist die Liegendgrenze des Schönecker Dolomits ohne Überprägung durch einen permotriadisch-morphologiegebundenen Dolomittyp aufgeschlossen. Die faltungsbezogenen, calcitgefüllten Klüfte durchschlagen den Dolomit und sind nicht dolomitisiert worden.

b) In den dolomitisierten Ooser Plattenkalken des Weganrisses am Ammelsbüsch (A 12; permotriadisch-morphologiegebundener Dolomittyp) ist auch der Calcitzement der variskischen Klüfte von der Dolomitisierung betroffen.

c) Die Biostromdolomite werden häufig von Dolomit-Kluftscharen (wahrscheinlich variskisch; c_1) durchsetzt. Vereinzelt, z. B. im Bahneinschnitt E Kerpen (A 16), kann eine jüngere Kluftgeneration (wahrscheinlich postvariskisch; c_2) beobachtet werden, deren calcitischer Zement nicht umgewandelt worden ist.

d) Die dolomitisierte Störungszone des Steinbruchs südlich Sötenich (A 23; permotriadisch-morphologiegebundener Dolomittyp) wird von jüngeren Calcitklüften durchschwärmt.

e) Der Calcitzement eines variskischen Fiederspaltensystems wird in einem Crinoidenspatkalk der Freilingen-Schichten (Bahneinschnitt W der Nohner Mühle — A 29) durch Fe-Dolomit verdrängt.

f) In einem Biokalkrudit der Freilingen-Schichten südlich der Straße Kerpen/Ahütte (A 3) durchschlagen variskische Calcitfiederspalten calcitisierte Dolomitrhomboeder.

Folgerungen:

Die Beobachtungen deuten auf prävariskische (a, f) und postvariskische (b, c, d, e) Dolomite hin. Die prävariskischen Dolomite können durch eine postvariskische Dolomitisierung überprägt sein (c).

2.2.5.3. Zementierte, durch die Dolomitisierung bedingte Lösungsporen

Im Übergangsbereich zwischen dem offenen und dem geschlossenen Dolomitgefüge treten bis zu mehrere cm große calcitzementierte Kavernen (z. T. kluftähnlich) auf, deren Erscheinungsbild eine enge Beziehung zur Dolomitisierung widerspiegelt. Diese Kavernen befinden sich besonders an der Hangendgrenze der Biostromdolomite (z. B. A 6, A 7; auch in den Randzonen der hydrothermalen Dolomitgänge bei Dornap — A 64) und werden als zementierte Lösungsporen (Zementtyp B_L) aufgefaßt:

Sie sind gegen den benachbarten Kalk (z. B. lutitischer Pelsparit mit einzelnen größeren Biogenen — wie dünnschalige Brachiopoden, Ostrakoden, Crinoiden — und mit birdseye-Struktur in A 7) scharf abgegrenzt und haben im Gegensatz zu den primären Poren desselben Gesteins keinen Zement A. Sie durchsetzen die Zemente der primären Poren wie die Matrix und die Fossilien. Vereinzelt durchqueren nur angelöste Brachiopodenschalen die Lösungsporen, ohne einen tektonisch bedingten Versatz zu zeigen.

Im Grenzbereich offenes/geschlossenes Dolomitgefüge weisen die Dolomitkristalle einen mehrschaligen Zonarbau auf, der mit den Lösungsporen genetisch verbunden ist: Am Rand der Poren sind die Dolomite korrodiert, und Lösungsschläuche greifen in die Kristalle. Durch erneute Mg-Zufuhr können die Dolomitrelikte teilweise wieder verheilen, ältere Dolomitkristalle erhalten teilweise eine äußere lückenhafte Zone (Abb. 15) und im Calcitzement der Lösungsporen kann eine neue Dolomitgeneration entstehen.

Diese Beziehungen zwischen der Dolomitisierung und der Bildung von Lösungsporen deuten eine Dolomitgenese mit vorgeschalteter Lösungsphase des Kalksteins an, bei der auch das Mg der darin eingeschlossenen, älteren Dolomitrhomboeder neu verfügbar wird. Zudem werden durch die Poren Transportbahnen zur Abfuhr des überschüssigen Ca geschaffen. Eine Entstehung solcher Lösungsporen ist nur bei einer spätdiagenetischen Dolomitisierung, d. h. nach Verfestigung des Sediments, möglich.

2.2.6. *An Stylolithen gesproßte Dolomitkristalle*

Außer den auf S. 24 ff in Dolomitgesteinen beschriebenen Stylolithen, die während und nach der Dolomitisierung entstanden sind, konnten in einem kalkigen Stromatoporenbiostrom des Schellgesberg-Horizontes (Untere Nohner Schichten) bei Nettersheim (A 61) Vertikal- und Horizontalstylolithen beobachtet werden, die dem Lagenbau der Stromatoporen annährend parallel verlaufen, und an denen Dolomitrhomboeder (z. T. Fe-Dolomit) und authigene Quarze angereichert erscheinen (Abb. 20). Da die Kristalle auch direkt neben den Stylolithen im unveränderten Stromatoporenkalk häufiger auftreten als in größerer Entfernung, sind die Kristalle nicht aufgrund einer stärkeren Kalklösung „zusammengedriftet", sondern nach der Bildung der Drucksuturen entstanden. Die Stylolithen haben als Bahnen für die Zufuhr Mg-reicher Lösungen gedient.

Die benachbarten mitteldevonischen Kalksteine führen ebenfalls geringfügig und lokal Dolomitkristalle, die z. T. den Calcit variskischer Klüfte verdrängen.

Diese spätdiagenetischen Dolomitisierungen werden als Bildungen am Liegendsaum von einem permotriadisch-morphologiegebundenen Dolomitkörper angesehen, der durch Mg-Lösungen vom 1—2 km nördlich gelegenen, topographisch höheren, devonisch dolomitisierten Muldenkerndolomit gebildet wurde und bis heute weitgehend abgetragen worden ist (vgl. S. 74 f).

Abb. 20. Handstück aus einem massigen Stromatoporenbiostrom (A 61); Dolomitkristalle (dunkel) zeichnen die lagige Struktur der Stromatoporen nach, und zwar überwiegend an strukturparallelen Stylolithen; Stylolithen mit stärkeren Amplituden sind durch Pfeile (a) gekennzeichnet. Die Dolomitisierung erfolgte auch an Kleinststörungen und Klüften, die die lagige Struktur durchsetzen (Pfeile b).

Fig. 20. Handspecimen of a stromatopore from a massiv biostrome (Loc. A 61); dolomite crystals (dark) follow the layers of the stromatoporoid which are frequently stylolitic; stylolites with high amplitudes are indicated by arrows (a). Dolomitization also occurred on small faults and joints which transect the layers (b).

2.2.7. *Zusammensetzung der Dolomitkristalle*

2.2.7.1. d-Wert-Veränderung der stärksten Röntgeninterferenz (104)

Für den Dolomit-Hauptreflex wird bei stöchiometrischer Zusammensetzung allgemein ein d-Wert von 2,886 Å angenommen. Mit einem zusätzlichen Einbau von Ca^{2+} (Ionenradius ~ 1,06 Å), Mn^{2+} (I. ~ 0,92 Å) und (oder) Fe^{2+} (I. ~ 0,83 Å) anstelle eines entsprechenden Mg-Anteiles (I. ~ 0,78 Å) findet eine Gitteraufweitung statt. Dabei vergrößert sich der d-Wert ihren Ionenradien entsprechend unterschiedlich stark in Richtung zum Hauptreflex des Calcites ($d_{(104)}$ = 3,035 Å nach Brown 1961) (vgl. Abb. 21).

Während Mn wegen seines geringen Anteils an der Zusammensetzung der Eifeldolomite (0,1% als Durchschnitt von 98 Proben; vgl. S. 49f u. Abb. 34) bei dieser Betrachtung vernachlässigt werden kann, soll am Beispiel des hier wichtigeren Fe^{2+} die unterschiedliche Hauptreflexverschiebung bei Proto-Dolomiten i. w. S. durch verschiedene Kationen aufgezeigt werden: Für einen Ankerit der Summenformel $Ca_3(Mg_2Fe)(CO_3)_6$ geben Howie & Broadhurst (1958) einen d-Wert des Hauptreflexes von 2,899 Å an (genaue Summenformel nach Brown 1961 mit berücksichtigtem Mn-Gehalt: $(Mg_{0,312}\ Ca_{0,511}\ Fe_{0,166}\ Mn_{0,011})\ CO_3$- dabei geben die Indizes den Mol-Anteil der Kationen im Dolomitgitter an); bei einem äquivalenten Ca-

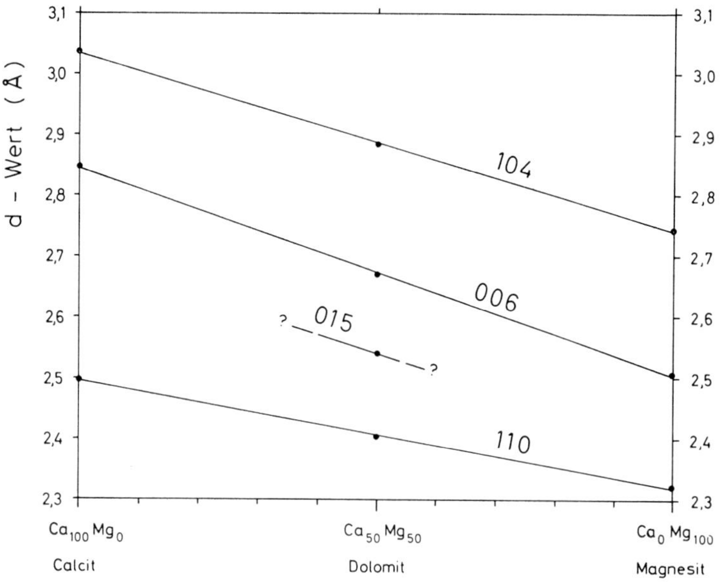

Abb. 21. Die Beziehung zwischen dem Karbonatchemismus (Calcit-Dolomit-Magnesit) und den d-Wert-Veränderungen ist bei den einzelnen Röntgeninterferenzen (Hauptreflex 104 und Nebenreflexe 006, 015, 110) unterschiedlich aber linear.

Fig. 21. Relation between the carbonate chemistry (calcite-dolomite-magnesite) and the d-value for different X-ray interferences (104, 006, 015, 110).

Überschuß ergibt sich nach einer Tabelle von FÜCHTBAUER & H. GOLDSCHMIDT (1965, vgl. GOLDSMITH et al. 1955) ein $d_{(104)}$-Wert von 2,94 Å.

Vereinzelt werden Dolomite mit einem kleineren d-Wert als 2,886 Å beschrieben (GOLDSMITH & GRAF 1958; MARSCHNER 1966). Da derartige Werte trotz Quarzkorrektur auftreten, sind sie auf einen teilweisen Ersatz des Ca^{2+} durch das kleinere Mg^{2+} zurückzuführen, oder es müssen die bisher üblichen d-Werte für stöchiometrischen Dolomit korrigiert werden. Letzteres wird durch die von HOWIE & BROADHURST (1958) für einen 2,886-Dolomit angegebenen Analysendaten wahrscheinlich. BROWN (1961) rechnete diese Daten auf die Summenformel ($Mg_{0,483}$ $Ca_{0,514}$ $Fe_{0,003}$) CO_3 um, was etwa einem $Ca_{51,5}$-Dolomit entspricht, der nach FÜCHTBAUER & H. GOLDSCHMIDT (1965) einen $d_{(104)}$-Wert von 2,890 Å aufweist. Wenn jedoch für diesen Dolomit ein Hauptreflex von 2,886 Å bestimmt worden ist, müßte ein stöchiometrischer Dolomit einen d-Wert von 2,882 Å aufweisen. Dieses stimmt mit den eigenen Messungen überein, die in Einzelfällen 2,882 Å und als Mittelwerte gleicher Proben 2,883 Å erreicht haben. Eine Revision würde die nach dem bisherigen Schema bestimmten Ca-Gehalte um etwa 1,5 Mol-% erhöhen.

Gegen die Festlegung eines neuen $d_{(104)}$-Wertes für den Dolomit sprechen: a) theoretische Berechnungen (GOLDSMITH & GRAF 1958); b) der niedrigere Wert hat eine nichtlineare Beziehung zwischen dem Karbonatchemismus (Calcit-Dolomit-Magnesit) und den d-Wert-Veränderungen (s. Abb. 21) zur Folge; c) die chemisch bestimmten Werte haben immer eine Variationsbreite; d) ein sehr geringer Calcitanteil (nach ECKARDT & v. GÄRTNER 1955 3 % zu Dolomit, nach MARSCHNER 1966 etwa

0,5 %) ist röntgenographisch nicht nachweisbar. Er würde in Analysen stöchiometrischer Dolomite einen Ca-Überschuß vortäuschen (s. o.).

Diese Betrachtungen sprechen für den bisher üblichen $d_{(104)}$-Wert von 2,886 Å. So muß für die kleineren Werte ein teilweiser Ersatz des Ca^{2+} durch das kleinere Mg^{2+} über die stöchiometrische Zusammensetzung des Dolomits hinaus angenommen werden. Es ergibt sich ein beschränkter und in größerem Maße sicher nicht stabiler Bereich von Mg-Dolomiten.

2.2.7.2. Beziehung zwischen $d_{(104)}$-Wert und Geländeposition

Die devonisch dolomitisierten Bereiche (s. S. 71 ff) sind hinsichtlich der Röntgenreflexe zonar gebaut. Die zentralen Bereiche setzen sich aus stöchiometrischen, geringfügig Ca-haltigen und Mg-haltigen Dolomiten (2,883 bis 2,889 Å) zusammen, wäh-

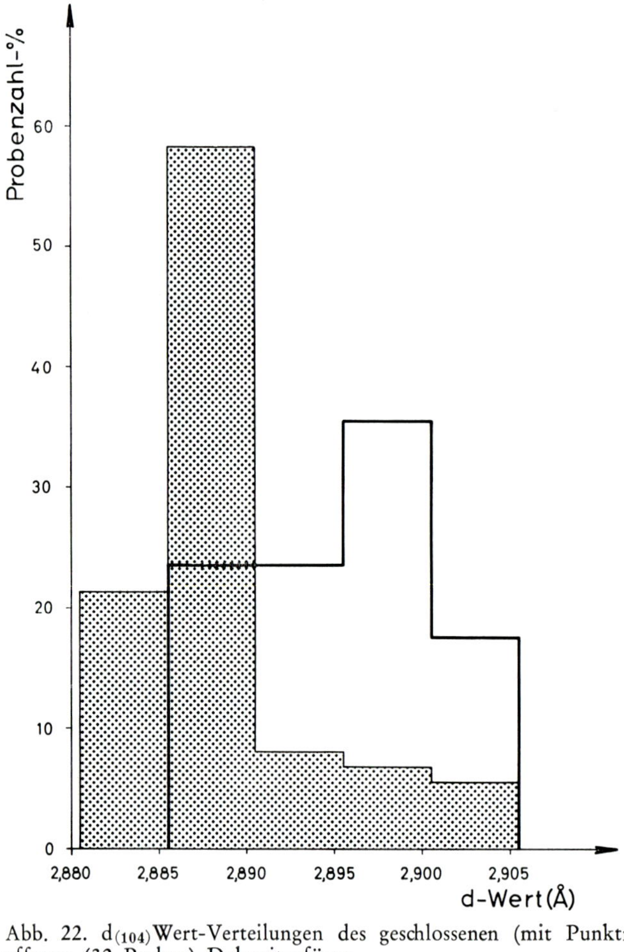

Abb. 22. $d_{(104)}$Wert-Verteilungen des geschlossenen (mit Punktraster; 91 Proben) und des offenen (32 Proben) Dolomitgefüges.

Fig. 22. Histogram of $d_{(104)}$ frequencies for closed (dotted; 91 samples) and open dolomite fabric (32 samples): Higher Ca-excess in open (i. e. dolomitic limestones) than in closed fabric (i. e. dolomites), in general.

rend in den Randzonen die Dolomitgitter stärker aufgeweitet sind (s. Abb. 22 u. 24). Höhere d-Werte beruhen überwiegend auf einem Ca-Überschuß im Dolomit und im kleineren Maße auf einem zusätzlichen Fe-Einbau (vgl. Abb. 24). Die Randzonen umfassen den äußeren Bereich des geschlossenen Dolomitgefüges und das anschließende offene Gefüge. Hohe d-Werte des geschlossenen Gefüges nehmen im Liegendbereich der Dolomitkörper einen breiteren Saum (mehrere m) ein als im Hangendbereich ($<$ 0,5 m). Außerdem sind die Dolomite der Hangendbereiche Ca-haltiger (vgl. Abb. 24).

Da hohe d-Werte auch im geschlossenen Gefüge der Randzonen auftreten (vgl. Abb. 22 mit Abb. 24), sind diese in der Eifel nicht mit dem Calcit-Dolomit-Verhältnis zu korrelieren, auch wenn der Grad der Calcitisierung berücksichtigt wird.

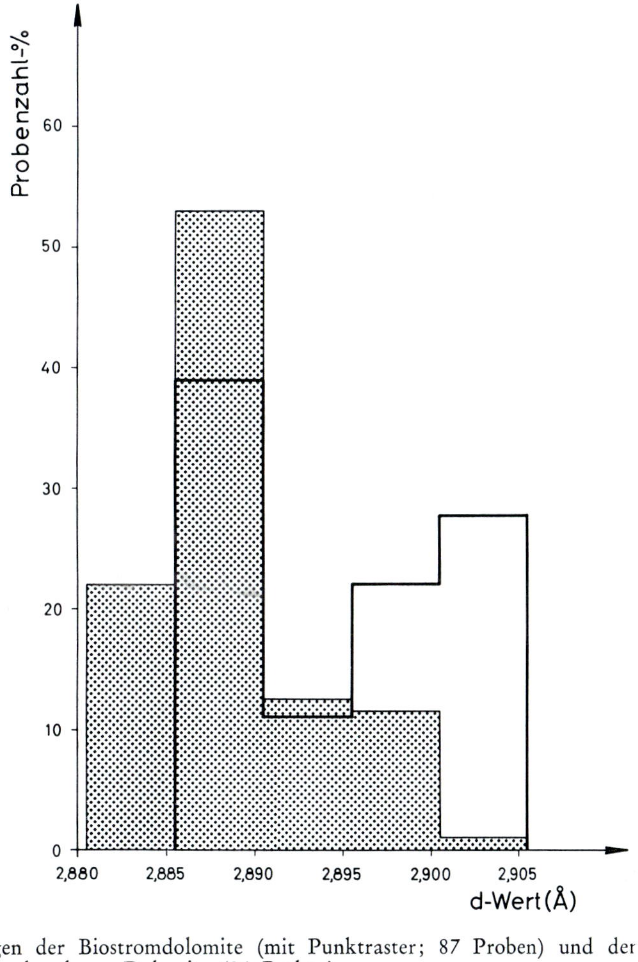

Abb. 23. $d_{(104)}$-Verteilungen der Biostromdolomite (mit Punktraster; 87 Proben) und der permotriadisch-morphologiegebundenen Dolomite (36 Proben).

Fig. 23. Histogram of $d_{(104)}$ frequencies for the Devonian biostromal dolomites (dotted; 87 samples) and the Permotriassic dolomites ("Geländedolomite"; 36 samples).

An den permotriadischen Dolomitkörpern ist eine solche chemische Zonierung nicht deutlich. Die d-Werte liegen statistisch höher als bei den devonischen Dolomiten (vgl. Abb. 23). Mg-Dolomite wurden nicht beobachtet. Da in mehreren permischen Dolomitkonglomeraten (A 41, 42, 44) stöchiometrischer Dolomitzement festgestellt werden konnte, ist in den permotriadisch dolomitisierten Devonkalken ebenfalls eine Zonierung anzunehmen. Aufgrund der geringeren Mächtigkeit (< 30 m) dieser Dolomitkörper und eines breiteren „Saumes" Ca-haltiger Dolomite als bei den devonischen Bildungen sind stöchiometrische permotriadische Dolomite relativ selten.

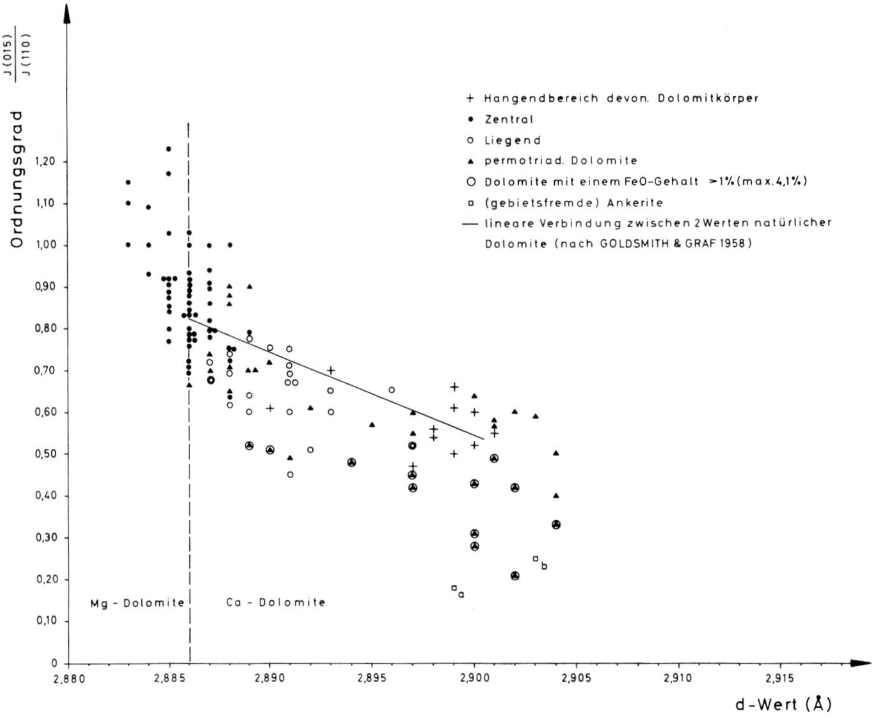

Abb. 24. Beziehung zwischen Zusammensetzung ($d_{(104)}$-Veränderung) und Ordnungsgrad der Eifeldolomite. Beachte: 1) Mg-Dolomite; 2) der FeO-Gehalt erniedrigt den Ordnungsgrad. Die Gruppen der Punktwolke werden im Text beschrieben.

Fig. 24. Relationship between the composition ($d_{(104)}$) and the degree of order of the Eifel dolomites. Notice: (1) Mg-dolomites occur; (2) Fe-bearing dolomites (large circles) are less ordered.

+ upper, ● central, ○ lower part of the Devonian biostromal dolomites; ▲ Permotriassic dolomites; large circles = dolomites with > 1 weight-% FeO (max. 4,1 %); squares = ankerites (outside the Eifel); line = natural dolomites from Goldsmith & Graf (1958).

2.2.7.3. Dolomitnebenreflexe (006, 015, 110)

Die Verschiebung der auf Abb. 21 angegebenen Nebenreflexe verläuft entsprechend dem Hauptreflex linear korrelat zur chemischen Veränderung vom Calcit über Dolomit zum Magnesit. Dabei verändern sich die einzelnen Reflexe unterschiedlich stark. In der Abb. 21 sind die Werte der Endglieder der ASTM-Kartei entnommen. Die untersuchten Fe-armen Dolomite stimmen mit den Verbindungslinien überein. Zusätzlich wurde die Veränderung des Überstrukturreflexes (015) eingetragen, dessen Reichweite in Beziehung zum Chemismus noch nicht bekannt ist.

2.2.7.4. Ordnungsgrad $\left(\frac{\text{I. }(015)}{\text{I. }(110)}\right)$

In stöchiometrischen Dolomiten sind parallel der c-Achse abwechselnd Ca- bzw. Mg-reiche Lagen angeordnet. Ein zusätzlicher Einbau größerer Ionen (Ca^{2+}, Mn^{2+}, Fe^{2+}) anstelle des Mg^{2+} verändert diese Gitteranordnung (vgl. S. 32) und wirkt sich nach GOLDSMITH & GRAF (1958) besonders auf den Überstrukturreflex (015) aus, indem seine Intensität bei einer Veränderung der chemischen Zusammensetzung zum Calcit hin abnimmt. Dagegen verstärkt sich der Nebenreflex (110) mit zunehmendem Ca-Gehalt auch in bezug auf den Hauptreflex.

FÜCHTBAUER & H. GOLDSMITH (1965) haben das Intensitätsverhältnis zwischen dem (015)- und dem (110)-Reflex als Ordnungsgrad verwendet. In Übereinstimmung mit GOLDSMITH & GRAF (l. c.) stellten sie bei natürlichen Dolomiten mit Zunahme des Ca-Gehaltes eine stärkere Verringerung des Ordnungsgrades fest als nach theoretischen Berechnungen zu erwarten war (vgl. Abb. 25).

Der Ordnungsgrad der Eifeldolomite verändert sich in gleicher Weise. Dabei weist der Zentralbereich der devonischen Dolomitkörper mit den reinsten Dolomiten auch die höchsten Ordnungsgrade derselben auf. Bei den Randzonen zeigen die

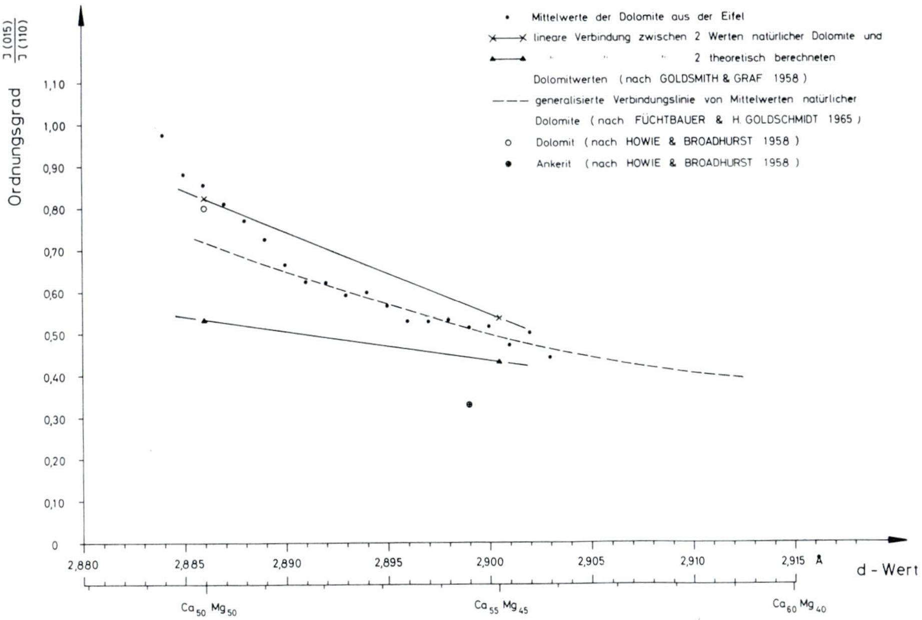

Abb. 25. Beziehung zwischen Zusammensetzung und Ordnungsgrad der Eifeldolomite: ● = Mittelwerte übergreifender Klassen.

Fig. 25. Relation between composition and degree of order: ● = moving mean values of the Eifel dolomites. Upper line = reference line from fig. 24.

Dolomite der Hangendbereiche entsprechend ihren höheren d-Werten auch die niedrigeren Ordnungsgrade. Ebenso verringert sich der Ordnungsgrad bei den permotriadischen Dolomiten analog einer d-Wert-Erhöhung.

Aber die Beziehung verläuft — auch bei einer Einzelbetrachtung der beiden Dolomitgruppen — nicht linear, was besonders die Mittelwertbildung (mit übergreifenden Klassen von 2,883—2,886, 2,884—2,887 usw.) in Abb. 25 zeigt. Dabei fallen die beiden Werte natürlicher Dolomite von GOLDSMITH & GRAF (1958) annähernd in den festgestellten Kurvenverlauf.

Die nichtlineare Beziehung scheint annähernd asymptotisch auf den Calcitwert zuzulaufen, bei dem der Überstrukturreflex (015) fehlt.

Ein Fe-Gehalt kann den Kurvenverlauf stärker beeinträchtigen, wie der Ankeritwert von HOWIE & BROADHURST (1958) in Abb. 25 und die eigenen in Abb. 24 zeigen. Bei einem dem Fe^{2+}-Gehalt (9,5 Gew.-%) äquivalenten Ca-Einbau wird der gleiche Ordnungsgrad erst bei einer Hauptreflexlage von 2,94 Å erreicht und liegt damit weit außerhalb der linearen Beziehung zwischen den zwei Werten natürlicher Dolomite von GOLDSMITH & GRAF (1958). Da die meisten stärker Fe-haltigen (1—4 %) Eifeldolomite bei der Gruppe mit den höchsten d-Werten liegen (Abb. 24), können sie nicht die Kurvenbeziehung verursacht haben. Eine Berücksichtigung des Fe-Gehaltes würde den nichtlinearen Verlauf sogar geringfügig verstärken.

2.2.7.5. Zonarbau

Dolomitkristalle zeigen häufig einen einschlußreichen, rhomboedrischen Kern und einen klaren Saum (u. a. BANNER & WOOD 1964, MURRAY 1964 — in Karbonatgesteinen; G. MÜLLER & IRION 1969 — in rezenten Dolomiten). Nach MURRAY (1964) reicht der Kristallisationsdruck zu Beginn des Dolomitwachstums noch nicht aus, um den Calcit und die „Verunreinigungen" des Kalkes vollständig zu verdrängen; mit zunehmender Dolomitisierung ermöglicht die Volumenkontraktion, welche allerdings nur bei einer „Mol-für-Mol-Umwandlung" (vgl. FÜCHTBAUER 1970, S. 375) möglich ist, ein freieres Dolomitwachstum, und somit kann ein einschlußarmer bis -freier Dolomitsaum entstehen.

ZENGER & PEARSON (1969) konnten im einschlußreichen Kern von Dolomit-xx der devonischen Lost Burro Formation (Kalifornien) bei Calciteinschlüssen einen höheren Si-Gehalt (Methode: Mikrosonde) als in der klaren Randzone feststellen und wiesen auf die Möglichkeit eines erhöhten Tonmineralanteils im Innern der Dolomitkristalle hin.

Einfacher Zonarbau (dunkler Kern, klarer Saum; Abb. 26, 27, aus dem Übergangsbereich zwischen geschlossenem und offenem Dolomitgefüge) kann in allen Bereichen der Dolomitkörper beobachtet werden. Mehrfacher Zonarbau ist besonders an das offene Dolomitgefüge gebunden.

In Diagrammen mit einfach zonar gebauten Dolomiten treffen sich die Mittelwertslinien der Kern- bzw. Kristallgrößen im Nullpunkt (Abb. 28). Zwei Denkmodelle bieten sich zur Deutung an:

a) Die Wachstumsgeschwindigkeit der kleinen Dolomitkristalle ist aufgrund lokaler Durchlässigkeitsunterschiede vom Kristallisationsbeginn an geringer als die der größeren Kristalle.

b) Die Keimbildung setzte nicht gleichzeitig ein, und die Kristalle mit den kleineren getrübten Kernen sind etwas jünger als die mit den größeren Kernen.

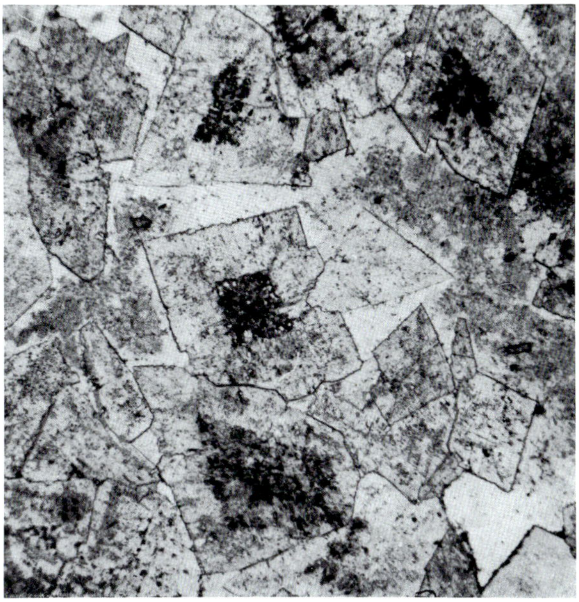

Abb. 26. Dolomitkristalle aus dem Hangendsaum des Munter-Lei-Dolomits (A 6) mit relativ kleinen einschlußreichen Kernen. Dünnschliff; Bildlänge 2,8 mm.

Fig. 26. Dolomite crystals from the upper part of the Munter-Lei-Dolomite (Loc. A 6) with relatively small cores rich in inclusions. Interstices are calcite. Thin section; picture length 2,8 mm.

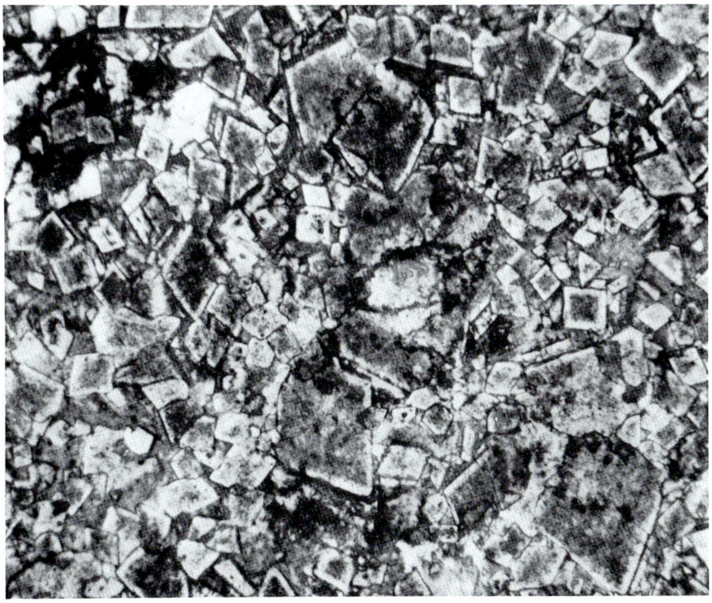

Abb. 27. Dolomitkristalle aus dem Liegendsaum des Schönecker Dolomits (A 17 a) mit relativ großen einschlußreichen Kernen. Dünnschliff; Bildlänge 2,4 mm.

Fig. 27. Dolomite crystals from the lower part of the Schönecken Dolomite (Loc. A 17 a) with relatively large cores rich in inclusions. Thin section; picture length 2,4 mm.

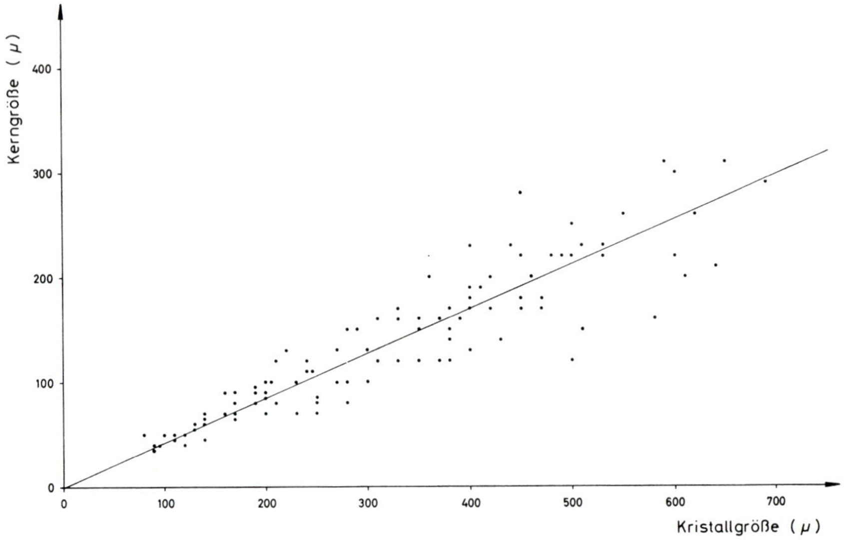

Abb. 28. Zonare Dolomite: Abhängigkeit der Größe des getrübten (einschlußreichen) Kerns von der Gesamtkristallgröße (längster ∅) bei einer Dolomitprobe aus dem Hangendbereich des Munter-Lei-Dolomits SE Gerolstein (A 7).

Fig. 28. Zonal dolomites. Ordinate: size of the inclusionrich central parts of dolomite rhombs. Abszissa: total dolomite crystal size (longest ∅). One sample from the uppermost part of the Munter-Lei-Dolomite (A 7).

Die Übergänge zu den einschlußärmeren Zonen mögen gleichzeitig entstanden sein (a und b) und deuten den Beginn eines langsameren Kristallwachstums aufgrund veränderter Zufuhr von Mg-Lösung an (Verringerung der Konzentration oder der Lösungszufuhr). Während der Bildung des klaren Saumes wachsen die großen Kristalle schneller als die kleinen (linear nach Abb. 28), da nach der Theorie von Kossel und Stranski die Bildung zweidimensionaler Keime auf größeren Kristallflächen günstiger ist.

Die lineare Kern-Kristall-Größenbeziehung wechselt von einer Probe zur anderen, was auf eine unterschiedliche Ionenkonzentration der dolomitisierenden Lösungen hindeuten mag. Offensichtlich besteht eine Beziehung zum chemischen Zonarbau der Dolomitkristalle, der wiederum von der geologischen Position abhängig ist.

Die Dreigliederung des Biostromdolomittyps (s. Abb. 4) ist auch aufgrund des Dolomitzonarbaus gerechtfertigt. Der Hangendsaum weist in bezug auf die xx-Größe die kleinsten getrübten Kerne und die Liegendzone die größten auf, während der Zentralbereich eine vermittelnde Stellung einnimmt. In den Randzonen ist meist eine weitere, aber unvollständige Kristallschale ausgebildet (Abb. 15).

Bei den permotriadisch-morphologiegebundenen Dolomiten gibt es keine einheitliche Zonierung der Kristalle. Stärke und Anzahl der Schalen schwanken von einer Lokalität zur anderen. Das häufige Auftreten mehrerer vollständiger Schalen und gelegentliche, zonar angelegte Fe-Dolomitsäume (gefärbte Dünnschliffe) mögen charakteristisch für diese Dolomite sein. Als Beispiele werden ein störungsgebundener Dolomit des Steinbruches Sötenich (A 23) und ein stylolithengebundener Dolomit des Steinbruches S Nettersheim (A 61) verglichen:

a) Die Proben weisen den gleichen zweischaligen Zonarbau auf (Kern, 1. = mittlere Schale, 2. = äußere Schale).

b) Die Kristallgröße ist in der Nettersheimer Probe (Abb. 29) aufgrund des geringeren Tonanteils erheblich höher.

c) Der Störungs-Dolomit setzt sich aus eisenarmen Schalen zusammen, während beim Stylolithen-Dolomit (vgl. S. 31) die äußere (zweite) Schale aus Fe-Dolomit besteht (im gefärbten Dünnschliff blau).

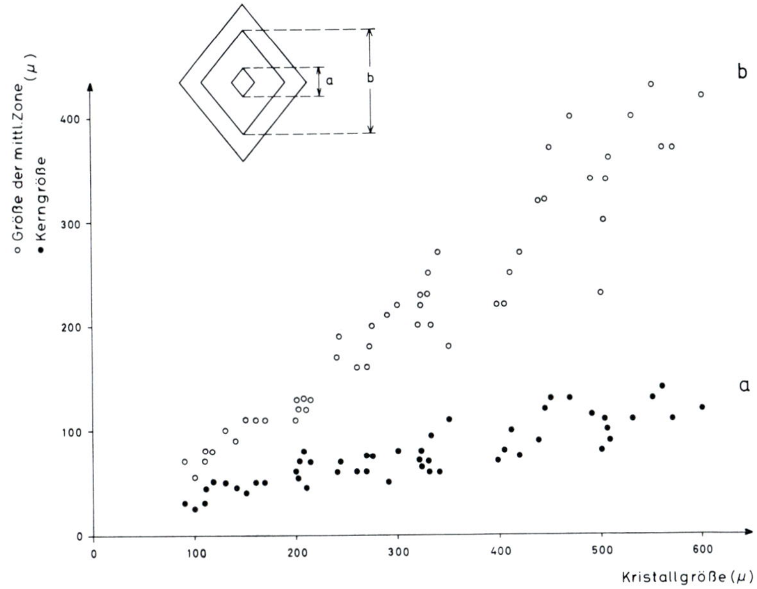

Abb. 29. Zonare Dolomite: Abhängigkeit des Zonarbaus von der Kristallgröße bei an Stylolithen gewachsenen Dolomiten aus einem massigen Stromatoporenkalk des Schellgesberg-Horizontes (Untere Nohner Schichten) südlich Nettersheim (A 61; vgl. S. 31).

Fig. 29. Multiple zonality. Crystal size (abszissa) versus size of inner zones. Dolomite crystals near stylolites. Biostromal limestone; A 61; see p. 31.

Eine Sonderstellung nimmt ein Verkommen an der Straße Gerolstein-Büdesheim (A 63) ein: Die Dolomit-xx können aus vier Zonen (einschließlich Kern) bestehen, von denen sich die äußere aus Fe-Dolomit zusammengesetzt und jünger als eine Fluorit-Quarz-Paragenese ist (s. S. 68). Die Mittelwertslinien zeigen wie in Abb. 28 ein verstärktes Wachstum der einzelnen Zonen mit Zunahme der jeweiligen Kristallgrößen an, nur kreuzen sich die Linien in verschiedenen Punkten. Offensichtlich bildeten sich die einzelnen Zonen in unterschiedlich zusammengesetzten und konzentrierten Mg-Lösungen (hier: hydrothermaler Einfluß?).

2.2.7.6. Peakausbildung und Zonarbau

Die Ausbildung der Reflexe müßte bei chemisch reinen und strukturmäßig geordneten Mineralen bilateral symmetrisch sein. Das Bild wird jedoch durch die

$CuK\alpha_2$-Strahlung gestört: Die (104)-Reflexe fallen zu höheren 2Θ-Werten hin flacher ab als zur anderen Seite. Dieser Effekt ist in den nachfolgenden Betrachtungen nicht rechnerisch berücksichtigt worden, wodurch die Angaben nur einen relativen Charakter haben.

Ein chemischer Zonarbau der Dolomitkristalle würde eine Dispersion der d-Werte zur Folge haben. Nur im Idealfall erscheinen zwei kristallchemisch verschiedene Dolomite als deutlich voneinander getrennte Reflexe (MARSCHNER 1966, S. 37). Bei den Eifeldolomiten kommt ein Aufbau aus mehreren Dolomitphasen nur in einer Verbreiterung der Reflexe und z. T. in einer anormalen Asymmetrie der Reflexe zum Ausdruck.

Da auch bei mehrmaliger Dolomitisierung offensichtlich die jüngere Generation selten neue Kristalle bildet, sondern normalerweise die vorhandenen Dolomitkristalle als Keime benutzt (RICHTER 1972), wird angenommen, daß die Dispersion der d-Werte auf chemische Unterschiede innerhalb der Kristalle zurückgeht, die optisch durch den beschriebenen Zonarbau in Erscheinung treten, ähnlich wie dies KATZ (1968) durch Mikrosondenuntersuchungen für Dolomite in Israel nachwies.

2.2.7.6.1. Viertelwertsbreite

Die Viertelwertsbreite wurde statt der Halbwertsbreite benutzt, um auch geringere Anteile sehr verschieden zusammengesetzter Dolomite zu erfassen. Die Werte sind in mm angegeben und an Aufnahmen mit $^1/_4{}^\circ$/Min. Papiervorschub gemessen. Als Standard mag die durchschnittliche Halbwertsbreite entsprechend aufgenommener Quarzreflexe (100) dienen: 3,15 mm = 0,1575° 2Θ (zur Zeit der Aufnahmen; freundlicher Hinweis von Dr. K. Weber, Univ. Bochum).

Die niedrigsten Viertelwertsbreiten treten mit ungefähr 5 mm im Bereich der stöchiometrischen Dolomitzusammensetzung auf. Mit Zunahme des $d_{(104)}$-Wertes steigt die Viertelwertsbreite (Abb. 30) und zeigt eine mit Ca, Fe-Beimengungen im Gitter zusammenhängende Linienverbreitung an.

Bei den devonischen Dolomiten ist generell eine Zunahme der Viertelwertsbreite vom Zentralbereich zur liegenden Dolomitgrenze zu beobachten, was auf der Verstärkung einer schlechten Gitterordnung und eines Zonarbaus beruhen dürfte. Letzteres steht im Einklang mit Dünnschliffuntersuchungen, wonach der Zonarbau zum Liegenden (und Hangenden) der Dolomitkörper hin intensiver wird (s. S. 38).

In der oberen Randzone ist eine entsprechende Beziehung nicht so klar, da sich der Wechsel von stöchiometrischen zu Ca-reichen Dolomiten auf einem sehr kleinen Raum ($<$ 0,5 m) abspielt. Die permotriadischen Dolomite verteilen sich wie in den anderen Diagrammen über die gesamte Punktwolke (Abb. 30).

Die Fe-reichen Proben weisen nicht grundsätzlich die höchsten Reflexbreiten auf. Daher wird die Viertelwertsbreite vorwiegend durch einen wechselnden zusätzlichen Ca-Gehalt der Eifeldolomite bestimmt.

2.2.7.6.2. Asymmetriequotient

Der Hauptreflex (104) zeigt oft infolge uneinheitlicher chemischer Zusammensetzung der Dolomite eine asymmetrische Form. Bezeichnet man die Abgrenzungen

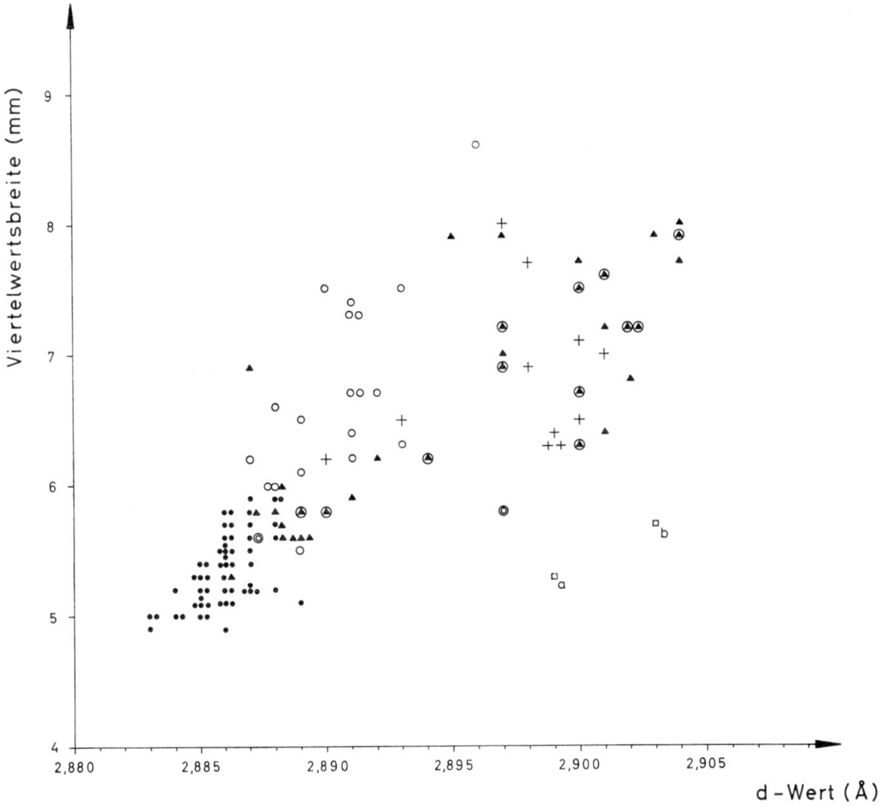

Abb. 30. Beziehung zwischen Viertelwertsbreite und Hauptreflexlage der Eifeldolomite. Beachte: 1) Generelle Zunahme der Viertelwertsbreite mit Erhöhung der d-Werte (Verstärkung des Zonarbaus); 2) obwohl die Dolomite im Liegendbereich der Biostromdolomite geringere Ca-Überschüsse als die des Hangendbereiches aufweisen, haben die Dolomite beider Gruppen etwa die gleiche Viertelwertsbreite. Symbole wie in Abb. 24.

Fig. 30. Relationship between peak width at quarter height (ordinate) and $d_{(104)}$ value, showing a general increase in the peak width (and hence in the zonal texture) with increasing d-values. The dolomites of the lower (◯) and upper (+) parts of the biostromal dolomites show similar peak widths though the d-values are different. Symbols the same as in fig. 24.

der Viertelwertsbreite mit d_1 und d_3 ($d_1 > d_3$) und den Scheitel des Reflexes mit d_2, so läßt sich das Verhältnis

$$\frac{d_1 - d_2}{d_2 - d_3}$$

als „Asymmetriequotient“ bezeichnen (Abb. 31).

Verschiedene Viertelwertsbreiten können gleiche Quotienten ergeben. Aber für schnelle Relativbetrachtungen ist der Asymmetriequotient besonders in Verbindung mit der Viertelwertsbreite zu verwenden. Exakter, aber langwieriger ist eine Beziehung aufgrund anteilmäßiger Ausplanimetrierung oder aufgrund einer Fourier-Analyse (u. a. NEFF 1959).

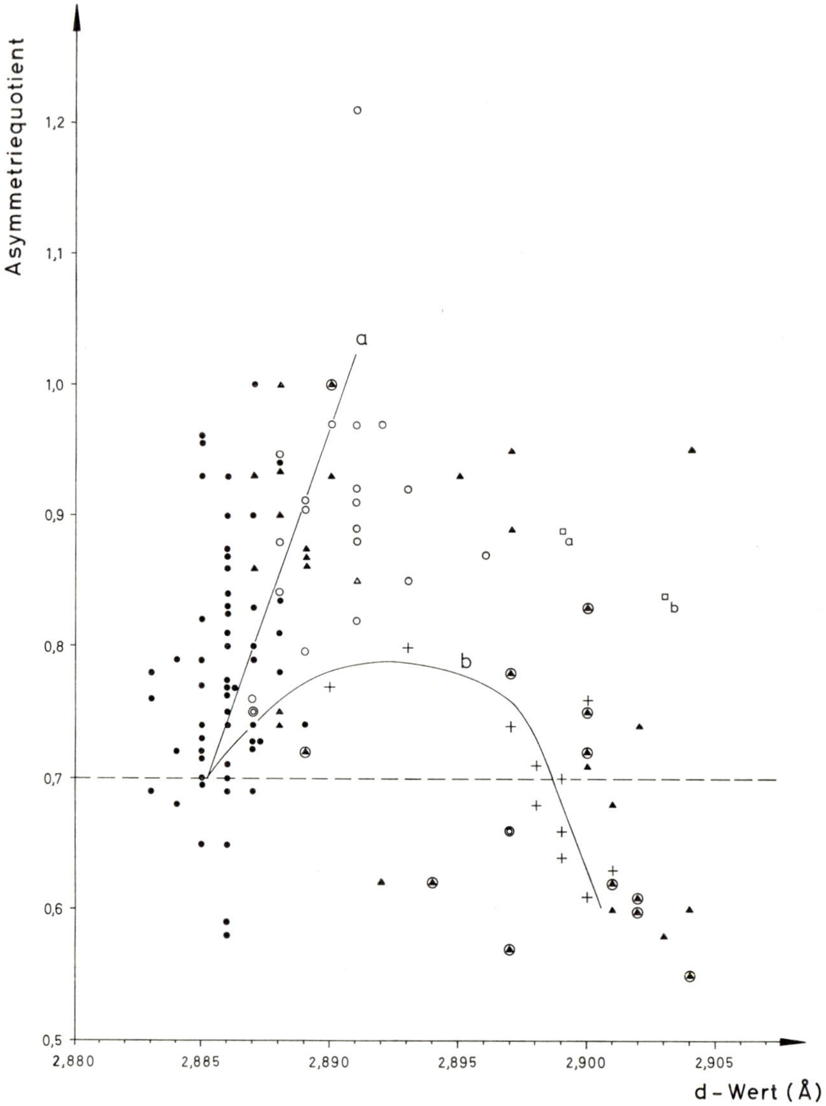

Abb. 31. Beziehung zwischen Asymmetriequotient und Hauptreflexlage der Eifeldolomite. Die Dolomite des Hangendbereiches devonischer Dolomitkörper (Kreuze) zeigen einen niedrigen Asymmetriequotienten bei hohem d-Wert, die Dolomite des Liegendbereiches (kleine Kreise) einen hohen Asymmetriequotienten bei relativ geringem d-Wert. Symbole wie in Abb. 24. Die gestrichelte Linie gibt den vermuteten Asymmetriequotienten chemisch einheitlich gebauter Ca, Fe, Mg-Dolomite wieder.

Fig. 31. Relation between "asymmetry quotient" (low for Mg-rich admixtures, high for Ca-rich admixtures) and $d_{(104)}$-value. The dolomites from the upper parts of the biostromal dolomites (crosses) show a small asymmetry quotient for high d-values, the dolomites from the lower parts (small circles) show a high asymmetry quotient for relatively small d-values. Symbols are the same as in fig. 24. The dotted line gives the probable asymmetry quotient of chemically homogeneous Ca-, Fe- and Mg-dolomites.

Bei den folgenden Betrachtungen ist die $CuK\alpha_2$-Strahlung zu berücksichtigen, die auch bei chemisch einheitlich zusammengesetzten Dolomitproben eine geringfügige Asymmetrie des Hauptreflexes hervorruft.

Der Asymmetriequotient konnte bei Dolomiten im Küstenbereich der Bucht von Volos (Griechenland) Hinweise für zwei Dolomitgenesen geben (D. K. Richter 1972). Eine im Spritzwasserbereich erfolgte subrezente Dolomitisierung (Protodolomite) hat stöchiometrische Dolomite mesozoischer Schichten als Keime benutzt. Aufgrund des Asymmetriequotienten konnte in etlichen Proben der subrezente Protodolomit neben dem stöchiometrischen mesozoischen Dolomit nachgewiesen werden, obwohl die Dolomithauptreflexe keine zwei Maxima erkennen ließen.

Die drei Zonen devonischer Dolomitkörper lassen sich aufgrund des Asymmetriequotienten gut voneinander trennen, während sich die permotriadischen Dolomite diesbezüglich indifferent verhalten (Abb. 31):

1) Zentralbereich der Biostromdolomite

Der untersuchte reinste Dolomit mit einem $d_{(104)}$-Wert von 2,886 Å und einer Viertelwertsbreite von 4,9 mm hat einen Asymmetriequotienten von 0,7 (1 in Abb. 32). Kleinere Asymmetriequotienten zeigen bei 2,886-Dolomiten einen Mg-Dolomit-Anteil, größere Ca- (Mn-) und (oder) Fe-Dolomit-Beimengungen.

Die durchschnittliche Hauptreflexlage der Dolomite aus dem Zentralbereich der Biostromdolomite deuten zwar deren stöchiometrische Zusammensetzung an, aber das arithmetische Mittel der Asymmetriequotienten (0,78) weist auf eine gewisse Streuung der Zusammensetzung hin. Da der Fe^{2+}-Gehalt dieser Gruppe sehr gering ist (Abb. 34), dürfte hauptsächlich der schwankende Ca-Gehalt die Ursache sein.

2) Liegendbereich der Biostromdolomite

Die Asymmetrie verändert sich zu den liegenden Randzonen der Dolomitkörper (gemittelter $d_{(104)}$-Wert = 2,891 Å; Asymmetriequotient = 0,90; 2 in Abb. 32) annähernd linear (Abb. 31, Kurve a). Gleichzeitig erhöht sich die Viertelwertsbreite (Abb. 30). Dies dürfte durch relativ große einschlußreiche Kerne der Dolomitkristalle verursacht sein, denn die d-Wert-Erhöhung allein würde eine derart starke Reflexverbreiterung nicht begründen. Wie im Kapitel 2.2.7.6.3. näher begründet wird, wird angenommen, daß der Kern Ca-reicher als der Saum ist. Auch Katz (1971) hat durch Mikrosondenuntersuchungen an zonaren Dolomitkristallen aus dem mittleren Jura von Israel festgestellt, daß der Kern Ca-reicher ist als die Außenzone. Der Wechsel des Chemismus innerhalb der Dolomitkristalle ist in den Randzonen der devonischen Dolomitkörper am stärksten. Diese Feststellung scheint im Einklang mit dem mikroskopisch sichtbaren Zonarbau der Kristalle zu stehen: Die Randbereiche der Dolomitkörper zeichnen sich durch einen ausgeprägten Zonarbau der Kristalle aus (s. S. 38), während in den Dolomiten des Zentralbereichs meist keine Zonen unterschieden werden können. Das Kern/Kristall-Volumenverhältnis beträgt im Liegendsaum der Biostromdolomite 0,27 (5 Proben mit je 100 Messungen).

3) Hangendbereich der Biostromdolomite

In den hangenden Randzonen (gemittelter $d_{(104)}$-Wert = 2,898 Å) liegt der mittlere Asymmetriequotient bei 0,70 (3 in Abb. 32). Die Einzelwerte deuten jedoch mit Zunahme des d-Wertes zunächst auf eine Erhöhung und dann auf eine deutliche

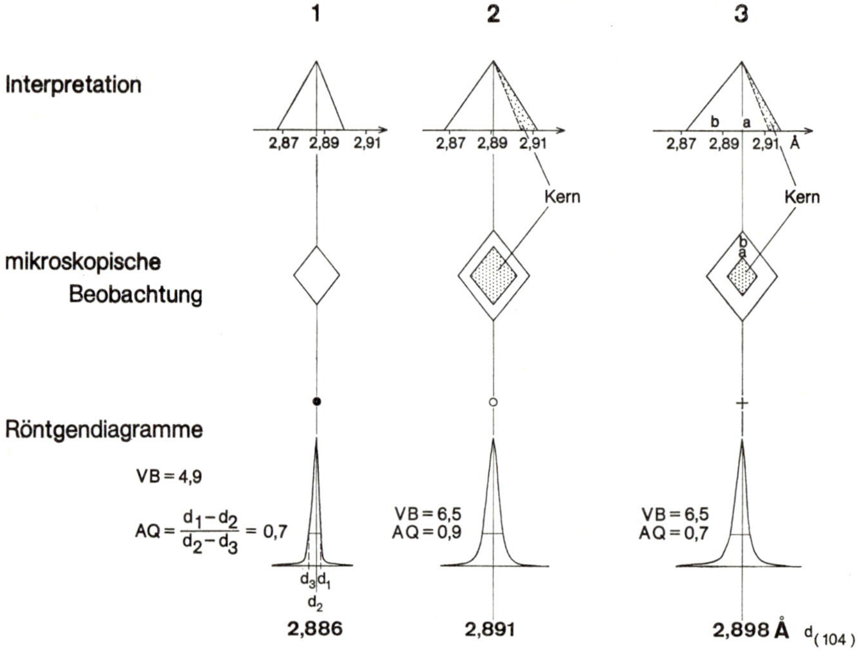

Abb. 32. Beziehung zwischen Zonarbau der Dolomitkristalle und Ausbildung des $d_{(104)}$-Reflexes. 1) Zentralbereich, 2) Liegendbereich, 3) Hangendbereich der Biostromdolomite. VB = Viertelwertsbreite; AQ = Asymmetriequotient.

Fig. 32. Relation between zonar texture of dolomite crystals and shape of the (104) x-ray reflection. 1) Central part, 2) lower part, 3) upper part of the biostromal dolomites. VB = width at quarter height; AQ = asymmetry quotient.

Abnahme des Asymmetriequotienten gegenüber den stöchiometrischen Dolomiten hin (Abb. 31, Kurve b). Dieser Kurvenverlauf weicht von der Tendenz bei den Dolomiten der Liegendzonen (s. o.) erheblich ab und unterstreicht den unterschiedlichen Chemismus der Dolomitbereiche.

Entsprechend der obigen Diskussion, in welcher die Abflachung der rechten Reflexflanke (2 in Abb. 32) gegenüber dem kernfreien, stöchiometrischen Dolomit (1 in Abb. 32) erklärt wurde, wird auch hier angenommen, daß die kleineren Kerne dieser Dolomitkristalle (3 in Abb. 32) für die gegenüber Reflex 2 geringere und gegenüber Reflex 1 stärkere Abflachung der rechten Reflexflanke verantwortlich sind.

Das Kern/Kristall-Volumenverhältnis beträgt im Hangendsaum der Biostromdolomite 0,07 (5 Proben mit je 100 Messungen).

2.2.7.6.3. Disukussion zur Genese des Dolomit-Zonarbaus

Katz (1971) beobachtete bei Dolomitkristallen aus dem mittleren Jura Israels 5 Zonentypen (1. stöchiometrischer Dolomit, 2. Fe-Dolomit, 3. Ca-Dolomit, 4. Hämatit, 5. mikrokristalliner Calcit = sekundärer C.), deren Genese mit einer Veränderung des Mg/Ca-Verhältnisses der Porenlösung gedeutet wird. Nach Katz bildet sich mit steigendem Mg/Ca-Verhältnis (bis ca. 30) der Ausgangslösung zunächst ein Ca-Dolomit, der bei einer genügend hohen „evaporation rate“ von einer stöchio-

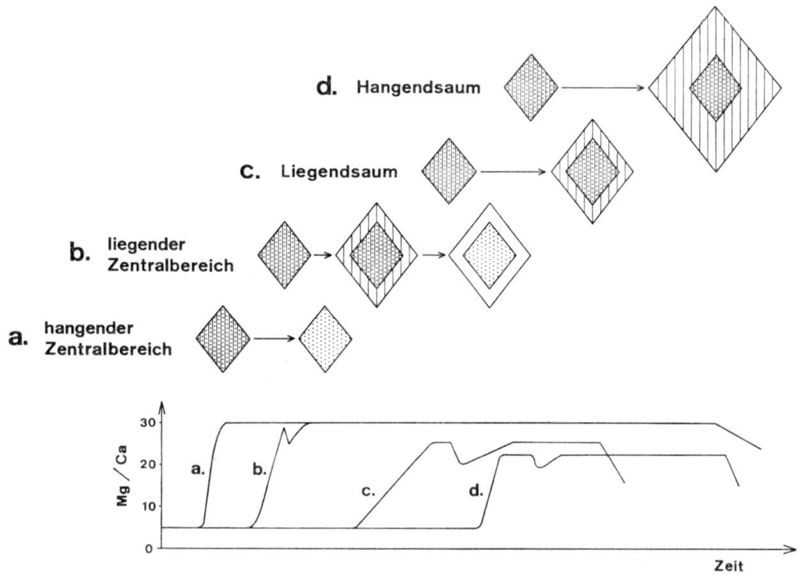

Abb. 33. Schematische Darstellung zur Entstehung der Dolomitkristalle in den verschiedenen Bereichen der Biostromdolomite. Engere Schraffur = Ca-Dolomit (Ca-reicher); weite Schraffur = Ca-Dolomit (Ca-ärmer); ohne Schraffur = stöchiometrischer Dolomit; punktiert = Einschlüsse; Ordinate = Mg/Ca-Verhältnis der Porenlösung.

Fig. 33. Hypothetical growth-models of zoned dolomites in the different parts of the biostromal dolomites: a) upper central part, b) lower central part, c) lower part, d) upper part. Close hatching = Ca-dolomite (higher in Ca); wide hatching = Ca-dolomite (lower in Ca); without hatching = stoichiometric dolomite; dotted = inclusions; ordinate = Mg/Ca ratio in the interstitial water; abszissa = time.

metrischen Dolomitzone umgeben wird. Dieses Denkmodell läßt sich etwas modifiziert auf die Genese des Dolomit-Zonarbaus bei den Biostromdolomiten anwenden (Abb. 33, vgl. Kapitel 3.).

Der frühdiagenetisch dolomitisierte Zentralbereich der Biostromdolomite setzt sich aus stöchiometrischen Dolomiten ohne deutlich sichtbaren Zonarbau zusammen. Da rezente frühdiagenetische Dolomitisierungen meist zu Ca-Dolomiten führen, entsprechende Bildungen älterer Formationen jedoch vorwiegend stöchiometrische Dolomite aufweisen, ist mit einer Umwandlung von Ca-Dolomit in stöchiometrischen Dolomit zu rechnen (Füchtbauer & Goldschmidt 1965; Usdowski 1967). Die Umwandlung ist bevorzugt in Gesteinen zu erwarten, deren Porenlösung über längere Zeit ein hohes Mg/Ca-Verhältnis aufweisen, denn nach Katz (1971) werden die Protodolomite bei einem zu niedrigen Mg/Ca-Verhältnis unter Mg-Abgabe an die Porenlösung calcitisiert. Im Zentralbereich der Biostromdolomite ist über einen längeren Zeitraum mit einem hohen Mg/Ca-Verhältnis der Lösung und somit mit einer Umwandlung der Ca-Dolomite in stöchiometrische Dolomite zu rechnen (Abb. 33), da von diesem Bereich aus noch die liegenden Kalke dolomitisiert wurden.

Im Bereich des Liegendsaumes waren die Kalke bereits vor der Dolomitisierung verfestigt (s. S. 74). Die Dolomitisierung erfolgte langsam (große Kristalle) und wahrscheinlich aus Lösungen mit kleinerem Mg/Ca-Verhältnis. Die zur Umwandlung notwendigen Gleichgewichte können sich auch in verdünnten Lösungen einstellen, wenn viel Zeit zur Verfügung steht (Usdowski 1967). Die ersten Keime bildeten sich aber erst, nachdem sich (durch Diffusion von Mg-Ionen aus dem Hangenden) eine stärkere Übersättigung eingestellt hatte. Diese Keime konnten daher relativ schnell weiterwachsen, und somit entstanden einschlußreiche Ca-Dolomite. Der Mg-Gehalt der Porenlösung nahm mit der Kristallbildung ab, wodurch die Kristallisation zunächst langsamer wurde und schließlich — bei zu geringer Mg-Zufuhr — unterbrochen wurde. Beim langsamen Wachstum wird weniger Fremdmaterial eingeschlossen. Es resultieren Dolomitkristalle mit Ca-reichem, einschlußreichem Kern und Ca-ärmerer, einschlußärmerer Randzone (Abb. 33).

Im Übergangsbereich zwischen Zentralbereich und Liegendsaum kann der Zonarbau ebenfalls beobachtet werden, aber die Mg-Gehalte der Porenlösungen waren hier wohl höher und wirkten länger als im Liegendsaum auf die Kristalle ein, sodaß die Ca-Dolomite zu stöchiometrischen Dolomiten umgewandelt wurden (b in Abb. 33). Nur in den Randsäumen reichte der Mg-Gehalt der Porenlösung nicht mehr aus, um die Protodolomite zu stöchiometrischen Dolomiten umzuformen. Der relativ kleine einschlußreiche Kern und die breite klare Randzone der Dolomite des Hangendsaumes könnte gegenüber dem deszendent dolomitisierten Liegendsaum durch einen geringeren, aber länger aufrecht erhaltenen Mg-Gehalt im Kompaktionsstrom (s. Kapitel 3.) erklärt werden (vgl. c und d in Abb. 33).

Der häufig stärkere Zonarbau (Kern und mehrere Schalen) der permotriadischen Dolomite deutet einen mehrfachen kristallchemischen Wechsel im Ca (Fe)-Gehalt an (s. S. 40). Anzahl, Dicke und Zusammensetzung der Zonen wechseln von einer Lokalität zur anderen und lassen keine generelle Deutung der Genese zu. Der Chemismus der dolomitisierenden Lösungen muß regional und zeitlich sehr verschieden gewesen sein.

2.2.7.7. FeO-*Gehalt*

Der Hauptanteil des chemisch bestimmten Fe^{2+} dürfte im Kristallgitter der Dolomite eingebaut sein, da im Dünnschliff blaugrün-gefärbte Dolomitkristalle mit den Fe^{2+}-reichsten Analysen zusammenfallen.

Die röntgenographisch ermittelte Zonierung der Dolomitkörper in Liegendsaum, Zentralbereich und Hangedsaum wird auch durch die Verteilung des FeO-Gehaltes angezeigt, denn die Randzonen der devonischen Dolomitkörper sind signifikant

Tabelle 1. FeO-Gehalte einzelner Bereiche der Dolomitkörper ($\bar{x}$ = arithmetisches Mittel; $l_{99\,\%}$ = Streubereich des wahren Mittelwertes mit einer Wahrscheinlichkeit von 99 %, Student-t-Verteilung).

Bereich der Dolomitkörper	Probenzahl	$\bar{x}$ (in %)	$l_{99\,\%}$
Biostromdolomite			
Zentralbereich	55	0,16	± 0,05
Hangend- und Liegendsaum	32	0,42	± 0,18
Permotriadische Dolomite			
ohne Proben der Heisdorfer Schichten	26	0,64	± 0,35
Heisdorfer Schichten	10	ca. 1,7	

(Student-t-Test mit einer Sicherheitsschwelle von 99 %) FeO-reicher als die Zentralbereiche (Tab. 1; Abb. 34). Vom offenen zum geschlossenen Dolomitgefüge — also mit Zunahme des Mg-Gehaltes nimmt der Fe^{2+}-Anteil zu. Diese Beziehung läßt sich nur in den Säumen erkennen und trifft für die Fe^{2+}-armen Dolomite des Zentralbereiches nicht mehr zu. Die gleiche Tendenz zeigt sich in den permotriadischen Dolomiten, doch liegen die FeO-Gehalte als Folge primär Fe^{2+}-reicher Kalke (z. B. Pseudoolithe der Heisdorfer Schichten) höher als bei den Randzonen der Biostromdolomite (Abb. 34; Tab. 1).

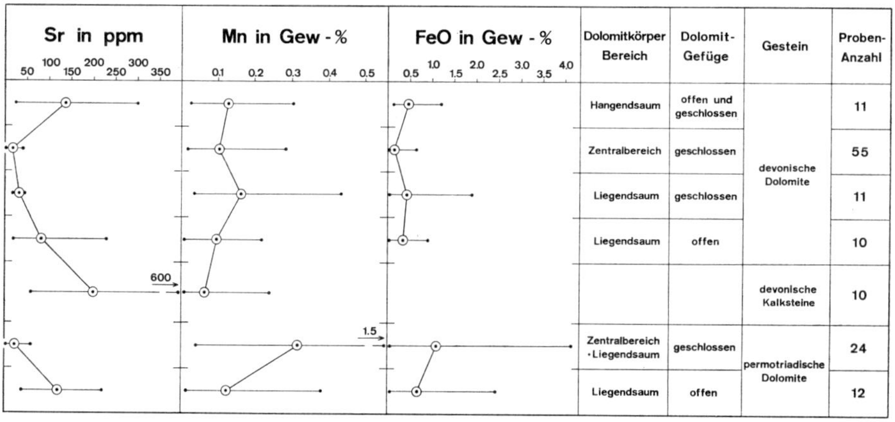

Abb. 34. Sr-, Mn- und FeO-Verteilung in devonischen und permotriadischen Dolomitkörpern. ⊙ = Mittelwerte; • = Extremwerte.

Fig. 34. Sr-, Mn- and FeO-distribution in Devonian biostromal dolomites (above: upper part with open and closed dolomite fabric; central part with closed dolomite fabric; lower part with closed dolomite fabric; lower part with open dolomite fabric), Devonian limestones (middle) and Permotriassic dolomite bodies (below: central and lower part with closed dolomite fabric; lower part with open dolomite fabric). ⊙ = median values; • = maximum and minimum values.

Bei mehreren Lokalitäten können gleiche Bänke in Kalk- und in Dolomiterhaltung beobachtet werden (A 7, A 17 a und A 18 — Liegendsaum des Schönecker Dolomits; A 23 — Liegendsaum eines permotriadischen Dolomitkörpers). Da FeO-Bestimmungen in den dolomitisierten Partien höhere Werte ergaben, ist in diesen spätdiagenetisch dolomitisierten Randzonen (s. Kapitel 3.) der Dolomitkörper mit einer Anreicherung von zweiwertigem Eisen während der Dolomitisierung zu rechnen.

2.2.7.8. Mn-*Gehalt*

Der Gesamt-Mn-Gehalt der untersuchten Karbonatproben schwankt zwischen 0,005 und 1,5 Gew.-% (Abb. 34). Dolomite des oberen, frühdiagenetischen (s. Kapitel 3.) Zentralbereiches devonischer Dolomitkörper und dolomitfreie Kalke ergeben ähnliche Mn-Konzentrationen (0,070 bzw. 0,063 Gew.-% als Mittelwerte), die mit Werten der oberdevonischen Schwellenfazies des Rheinischen Schiefergebirges übereinstimmen (Buggisch 1972).

Die Mn-Gehalte nehmen zu den Liegendsäumen der Biostromdolomite hin zu (Tab. 2) und unterscheiden sich schließlich signifikant (Sicherheitsschwelle von 99 %)

Tabelle 2. Mn-Gehalte einzelner Bereiche der Biostromdolomite mit geschlossenem Dolomitgefüge (Symbole wie bei Tab. 1).

Bereich der Dolomitkörper	Probenzahl	$\bar{x}$ (in %)	$l_{99\,\%}$
Zentralbereich	55	0,101	± 0,022
oberer Z.	20	0,070	± 0,016
mittlerer Z.	25	0,103	± 0,034
unterer Z.	10	0,160	± 0,056
Hangend- und Liegendsaum	12	0,170	± 0,083

von denen der frühdiagenetisch dolomitisierten Zone. Die Hangend- und Liegendsäume mit offenem Dolomitgefüge weisen ähnlich hohe Mn-Gehalte wie die Liegendsäume mit geschlossenem Dolomitgefüge auf, wenn der Kalkanteil (mittlerer Mn-Gehalt = 0,063 Gew.-%) abgezogen und somit der Mn-Gehalt für den Dolomitanteil berechnet wird ($\bar{x}$ = 0,160 Gew.-% gegenüber 0,104 Gew.-%). Die Werte der spätdiagenetischen permotriadischen Dolomite entsprechen denen der genannten Randbereiche. Die höheren Mn-Gehalte in Dolomitproben der Heisdorfer Schichten ($\bar{x}$ = 0,6 Gew.-%) beruhen auf einem primär höheren Erzanteil (Fe-Erz-Abbau bis zum letzten Jahrhundert).

Während J. N. Weber (1964) aufgrund von Spurenelement-Untersuchungen verschiedener früh- und spätdiagenetischer Dolomite keine signifikante Verteilung des Mn feststellen konnte, führen in der Eifel die spätdiagenetisch dolomitisierten Bereiche (permotriadische Dolomite und Randbereiche der devonischen Biostromdolomite) signifikant höhere Mn-Gehalte als die frühdiagenetisch dolomitisierten Bereiche der Biostromdolomite.

Ein großer Teil des Mn dürfte nicht karbonatisch, sondern oxydisch gebunden sein, da in Proben mit stöchiometrischen Dolomiten Mn-Gehalte bis über 0,4 % auftreten, ohne eine Gitteraufweitung des Dolomits zu verursachen. Eine nach der Dolomitisierung erfolgte, zusätzliche Mn-Anreicherung im Bereich der Protodolomite infolge eines Verwitterungseinflusses durch Oberflächenwässer kann nicht ausgeschlossen werden, denn dieses sind die Zonen mit bevorzugter Calcitisierung (s. Kapitel 2.2.8.).

2.2.7.9. *Sr-Gehalt*

Der Sr-Gehalt der untersuchten Karbonatgesteine nimmt mit zunehmender Dolomitisierung ab (Abb. 34).

Die gleiche Tendenz beobachtete Gittinger (1968) in den luxemburgischen Karbonatgesteinen des oberen Hauptmuschelkalkes und des unteren Keupers und deutet sie als Wegführung des Strontium aufgrund einer „sekundären" Dolomitisierung.

Ein Vergleich zwischen Sr-Werten sich entsprechender Kalk- und Dolomitproben der Eifel verdeutlicht den mit der Dolomitisierung verbundenen Verlust des Strontium (Gehalte in ppm):

5 Stromatoporen (kalkig)		=	90 — 135 — 180 — 300 — 335
5 Stromatoporen (dolomit.)		=	< 10 — 10 — 15 — 20 — 20
Kalkbank (A 18)	unverändert	=	90
	dolomit.	=	40

Da die Stromatoporen kaum HCl-Rückstände aufweisen (wenn, dann vorwiegend neugebildeten Quarz und Feldspat), ist das Strontium nicht an Tonmineralen adsorbiert, sondern vorwiegend im Karbonatgitter eingebaut. Die Kalk-Stromatoporen dürften als ehemalige Aragonitbauer (Bøggild 1931) wesentlich höhere Sr-Gehalte geführt haben (vgl. Kulp, Turekian & Boyd 1952), die sie bereits bei der Calcitisierung größtenteils verloren haben (diagenetische Umwandlung im offenen System nach Kinsman, 1969). Bei einer Dolomitisierung nimmt der Sr-Gehalt weiter ab.

Das freigewordene Strontium ist bei der Calcitisierung des Aragonits und bei der oberflächennah erfolgten devonischen Dolomitisierung (s. Kapitel 3) wahrscheinlich ans Meer (durch Kompaktionsstrom?) und bei der morphologiegebundenen permischen Dolomitisierung an die Oberflächenwässer abgegeben worden, denn entsprechende Mengen an Sr-haltigen Mineralen fehlen in den Karbonaten der Eifel. Demgegenüber war die Umwandlung der über und unter den Biostromdolomiten liegenden Kalkschlämme, welche wohl ursprünglich weitgehend aus Aragonit bestanden, möglicherweise ein etwas späterer Vorgang, so daß durch Zementation oder Kompaktion die Durchlässigkeit schon stark herabgesetzt worden war. Dadurch blieb bei der Umkristallisation in Calcit ein sehr strontiumhaltiges Porenmilieu bestehen, aus dem dann auch etwas mehr Strontium eingebaut wurde, als es für das offene System der Dolomitisierung der Fall war.

2.2.8. *Dedolomitisierung*

Eine chemische Verringerung des Dolomitanteils wird als Dedolomitisierung bezeichnet. Der Vorgang kann ohne Verdrängung durch ein anderes Mineral erfolgen, wie u. a. Bausch (1965) an euhedralen Dolomitkristallen im Fränkischen Jura gezeigt hat. Viele Hohlräume in den Eifeldolomiten dürften entsprechende Lösungsporen darstellen, die z. T. nachträglich durch Calcit zementiert wurden (vgl. S. 29). Auch die hohlen Gerölle der postvariskischen Dolomitkonglomerate (Solle 1937; Abb. 36) entsprechen einer Dedolomitisierung: Dolomitlösende Wässer haben lokal den schützenden Tonfilm um die Gerölle „durchbrochen" und das Karbonat der tonarmen Dolomite von innen herausgelöst. Nur eine „Dolomithülle" blieb erhalten.

Die Verdrängung von Dolomit durch Calcit wurde von Morlot (1847) als Dedolomitisierung und von Sander (1950, S. 327) als „metasomatische Kalkspatisation" bezeichnet. Zur Unterscheidung von anderen Dedolomitisierungsarten ist hier die Bezeichnung „Calcitisierung" vorgezogen worden. Da es auch Calcitisierungen von anderen Mineralen gibt (z. B. Aragonit), ist der Zusatz „von Dolomit" notwendig.

Nach Füchtbauer (1970) können bei der Verdrängung von Dolomit durch Calcit zwei Typen unterschieden werden, wobei Zwischenstadien keine strenge Teilung zulassen:

a) Mikrokristalliner Calcit ersetzt den Dolomit, Calcit-XX-ϕ < Dolomit-XX-ϕ

b) Makrokristalliner Calcit mit „lappigen" Kristallgrenzen verdrängt den Dolomit, Calcit-XX-ϕ > Dolomit-XX-ϕ

Shearman et al. (1961) erwähnen neben den genannten einen weiteren Typ: Besonders in Biokalkareniten werden verstreute Dolomitrhomboeder homoaxial zum umhüllenden Calcitgroßkristall (meist Crinoidenspat) calcitisiert. Genetisch ist dieser Typ zur mikrokristallinen Recalcitisierung zu stellen (s. u.).

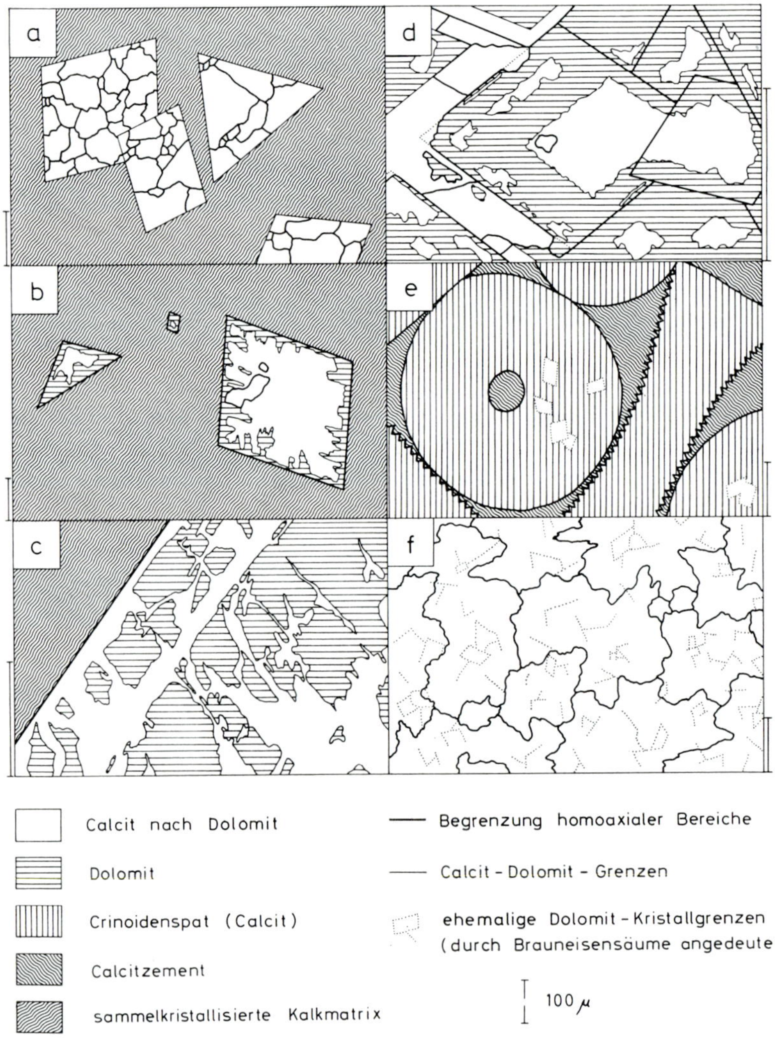

Abb. 35. Calcitisierung von Dolomit (nach gefärbten Dünnschliffen; geringfügig schematisiert). a = mikrokristalline Calcitisierung; b—e = äquikristalline Calcitisierung; f = makrokristalline Calcitisierung (Erläuterung im Text).

Fig. 35. Calcitization of dolomite (schematically drawn from stained thin sections). a = microcrystalline calcitization; b—e = equicrystalline calcitization; f = macrocrystalline calcitization. White = calcitized dolomite; thick line = border of homoaxial areas; thin line = calcite and dolomite borders; dotted line = former dolomite crystal borders (shown by brown iron oxide seams).

In der Eifel sind die mikro- bis makrokristallinen Calcitisierungen besonders an die Randzonen der Dolomitkörper, also an den Bereich der instabileren Protodolomite, gebunden.

Einzelbeobachtungen und deren Deutung:

a) Der mikrokristalline Calcit entsteht nur bei lokaler (μ-Bereich) Calcitisierung (Abb. 35 a).

1) Überwiegend unterschiedlich orientierte Calcite verdrängen den Dolomit vom Intragranularraum aus. Ob Calciteinschlüsse im Dolomit als Keime gedient haben (FÜCHTBAUER 1970), ist schwer zu entscheiden. KATZ (1968) beschreibt derartig kleine Calcit-„Einschlüsse“ in Dolomit-XX jurassischer Karbonate als frühdiagenetische Calcitisierung. Wie beide Autoren betonen, erfaßt die Calcitisierung zuerst den Ca-Dolomit-reicheren Anteil der Kristalle. Diese Feststellung stimmt mit der bevorzugten Calcitisierung der Ca-Dolomit-reichen Randzonen der Dolomitkörper und der Ca-Dolomit-reicheren Kerne der zonar gebauten Kristalle (s. S. 45) überein (vgl. Abb. 35 b). Die zur Calcitisierung notwendigen Calcitkeime sind aufgrund der Instabilität Ca-reichen Dolomits entstanden oder waren als eingeschlossene Relikte des ehemaligen, noch nicht dolomitisierten Sediments bereits vorhanden. Letzteres dürfte für die zonar gebauten Kristalle zutreffen, denn die Dolomitkerne sind bevorzugt einschlußreich (s. S. 38). Zudem wird die Calcitisierung der Dolomitkerne durch einen die Randzone schützenden Tonbelag, der sich bei der Bildung des klaren Dolomitsaumes vor dem Kristall ansammelt (vgl. S. 38), begünstigt. Bei der vom Kern ausgehenden Calcitisierung entstehen mikro- (Abb. 35 a) bis äquikristalline (Abb. 35 b) Calcitgefüge. Wenn die Calcitisierung von Spaltrissen aus erfolgt, wird bevorzugt die optische Orientierung der Dolomitkristalle übernommen, wodurch ein äquikristallines Calcitgefüge entsteht (Abb. 35 c, d).

Die calcitisierten Dolomitkerne sind in permotriadisch überprägten devonischen Dolomiten wieder dolomitisiert worden, was an Brauneisen-reicher unregelmäßiger Begrenzung von Fe-Dolomit gegen den einhüllenden Dolomitkristall erkannt werden kann.

2) Wenn der Tonbelag auf den Dolomitkristallen zu gering oder zu ungleichmäßig ist, dürften die mikrokristallin calcitisierten Dolomitrhomboeder teilweise durch weitergewachsene Calcitkristalle des umhüllenden Kalksteins (z. B. Kalklutit) entstanden sein. Als Grenzfall dieser Gruppe mag die oben beschriebene Regeneration von biogenen Calcitkristallen gelten, die in schwach dolomitisierten Crinoidenspatkalken beobachtet werden kann (Abb. 35 e). In solchen Calcit-Großkristallen sind die eingeschlossenen Dolomite homoaxial zur Umgebung calcitisiert, auch wenn die Dolomite nicht homoaxial zum Wirtskristall angeordnet waren. Diese calcitisierten Kristalle sind nur am Brauneisensaum um die Rhomboeder erkennbar, weshalb ich eine Calcitisierung des Dolomitkristalls vom umgebenden Calcit aus annehmen möchte.

b) Die makrokristalline Calcitisierung dringt teils flächig teils intergranular mit einer „Calcitfront“ von Schichtfugen, Klüften und Poren in die Dolomitgesteine vor (Abb. 37, 38). Aufgrund der Selbstreinigung schieben die wachsenden Calcitkristalle einen Brauneisensaum vor sich her, was dem Gestein eine schokoladenbraune Farbe verleiht. Der Kristallisationsdruck reichte jedoch häufig

Abb. 36. Permische Dolomitbreccie mit Sandmatrix und Dolomit-„Zement“ (A 44); einzelne Gerölle sind von innen nach außen dedolomitisiert; die Hohlräume erscheinen im Bild schwarz (s. Pfeile; keine Calcitfüllung).

Fig. 36. Permian dolomite breccia with sand matrix and dolomite "cement" (partially calcitized; loc. A 44); individual pebbles are dedolomitized beginning from the center. The pore space is black in the picture (s. arrows); no calcite filling occurred.

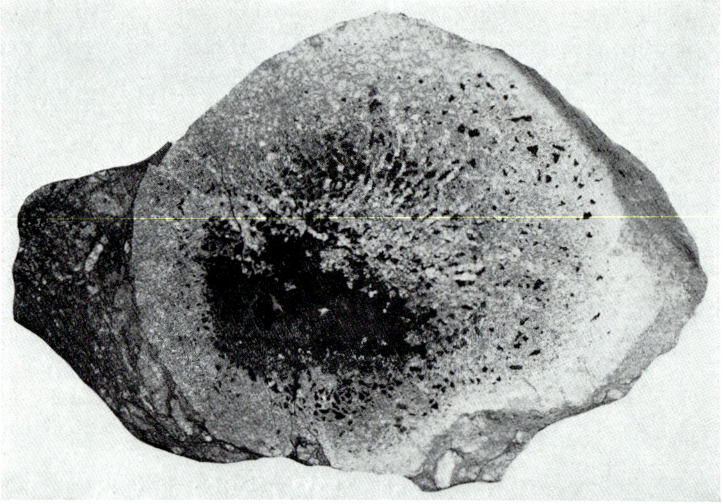

Abb. 37. Von innen nach außen fortschreitende Calcitisierung in einer Einzelkoralle aus dem unteren Schönecker Dolomit; die Calcitisierung erfaßt die ehemalig calcitischen Porenfüllungen der Koralle und die Matrix im angrenzenden Sediment (links; dunkelgrau) vor den Fossilien (hell).

Fig. 37. Calcitization (dark grey) beginning with the mud in the interior of a singular coral and the matrix in the adjacent sediment, whereas the fossils are still dolomite (light). Lower Schönecken Dolomite; stained and polished section.

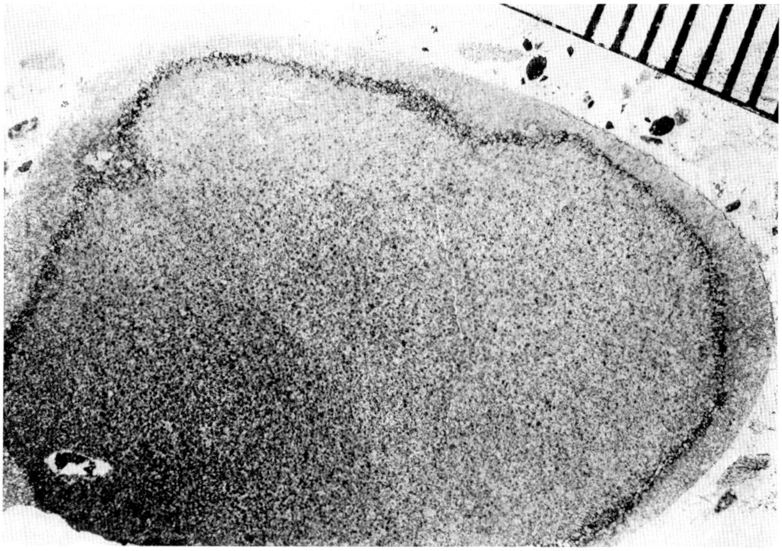

Abb. 38. Randlich calcitisiertes Dolomitgeröll eines permischen Konglomerates (A 40); ein Brauneisensaum markiert die Grenze zwischen Calcit und Dolomit. Oben rechts ein mm-Maßstab; Dünnschliff.

Fig. 38. Partially calcitized dolomite pebble of a Permian conglomerate (Loc. A 40); a brown iron seam marks the border between dolomite (center) and calcite (rim). In the upper right is a mm scale; thin section.

nicht aus, um das gesamte Fremdmaterial zu verdrängen, denn die Kristalle können Dolomit einschließen, und Brauneisensäume können das ehemalige Dolomitgefüge trotz makrokristalliner Umkristallisation konservieren (vgl. SHEARMAN et al. 1961; s. Abb. 35 f).

Die calcitzementierten Porenfüllungen Zement B_2 und B_3 (s. S. 29) gehen häufig in flächige Calcitisierungszonen über, wobei Brauneisensäume das ehemalige Dolomitgefüge anzeigen, und somit kann der Zementcalcit vom (sekundären) „Dedolomitisierungscalcit" getrennt werden.

Bei der makrokristallinen Calcitisierung kristallisiert, wie bei der Dolomitisierung (s. S. 18 f), die feinkristallinere, tonreichere Matrix vor den Fossilien um (Abb. 37). Größere Gesteinsbereiche mit dolomitisierten Fossilen in D-calcisierter Matrix sind jedoch selten.

Die Lichtbrechungswerte der sekundären Calcite (n_o = 1,659—1,663) entsprechen nahezu stöchiometrischem Calcit (n_o = 1,658), so daß die von SCHÜLLER (1967) und KATZ (1968) beobachteten Fe^{2+}-armen sekundären Calcite in Fe-Dolomit-reicher bzw. in nichtdolomitisierter und nichtcalcitisierter, aber Fe-Calcit-reicher Umgebung bestätigt werden können.

Röntgenographische Untersuchungen an Proben aus dem geschlossenen Dolomitgefüge ergaben Calcit neben Dolomit. Dabei ist die Lage der stärksten Röntgeninterferenz des Calcits (104) zum Dolomit hin verschoben (s. Abb. 39). Die d-Wert-Veränderungen können nicht durch einen Einbau von Fe^{2+} ins Calcitgitter erklärt werden, da entsprechende Fe-Calcite höhere Lichtbrechungswerte aufweisen und in gefärbten Dünnschliffen violett erscheinen müßten. Die Verschiebung muß demnach durch das kleinere Mg^{2+} (Ionenradius 0,78 Å gegenüber 0,83 Å beim Fe^{2+}) verursacht worden sein. Die d-Werte unterscheiden sich signifikant (Student-tTest) von den Calciten der Devonkalksteine und erreichen 6 Mol-% $MgCO_3$ (s. Abb. 39; Tab. 3). Da nach CHAVE (1964) Mg-Calcite mit mehr als 4 Mol-% $MgCO_3$ instabil sind, beweisen die hohen Mg-Gehalte eine sehr junge Calcitbildung. Vergleichende Dünnschliffuntersuchungen ergaben sekundären Calcit und (oder) Calcitzement neben Dolomit, so daß die Mg-Calcite möglicherweise durch subrezente bis rezente Calcitisierung und Calcitzementation zu erklären sind.

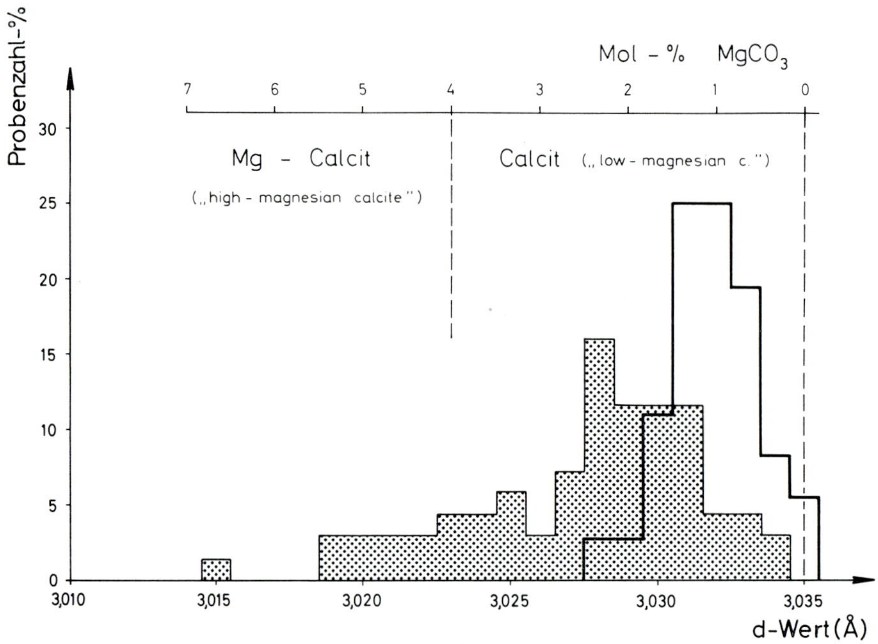

Abb. 39. $d_{(104)}$-Werte von Dedolomitisierungscalcit und Zementcalcit (B_2 und B_3) aus dem geschlossenen Dolomitgefüge (mit Punktraster; 61 Proben) im Vergleich zu $d_{(104)}$-Werten von Devonkalken (ohne Punktraster; 36 Proben).

Fig. 39. $d_{(104)}$-values of secondary (dedolomitization) calcite and calcite cement (postdolomitization; "B_2" and "B_3") from the closed dolomite fabric (dotted; 61 samples; showing Mg-excess in calcite) in comparison with the $d_{(104)}$-values of Devonian limestones (undotted; 36 samples).

Das geringe Alter der sekundären Calcite spricht ebenso wie die Brauneiseneinschlüsse (oxydierende Bedingungen während der Calcitisierung) für eine oberflächennahe Dedolomitisierung, die nach LANG (1964), V. SCHMIDT (1965) und P. FRITZ (1966) eine Verwitterungserscheinung durch Tagewässer ist.

Tabelle 3. Calcitchemismus: (a) Calcite devonischer Kalksteine; (b) Calcite, die durch Zementation nach der Dolomitisierung und durch Dedolomitisierung entstanden sind ($\bar{x}$ und $l_{99\,\%}$ wie bei Tab. 1).

Calcitart	Probenzahl	$d_{(104)}$-Wert		Variationsbreite
		$\bar{x}$	$l_{99\,\%}$	Mol-% $MgCO_3$
(a)	36	3,0320	± 0,0007	2,1 — 0,9 — 0
(b)	69	3,0275	± 0,0012	6,0 — 2,3 — 0,4

2.2.9. *Der Einfluß des Vulkanismus auf die Karbonate*

Tertiäre und quartäre Vulkane haben besonders die Karbonatabfolgen der Hillesheimer und der Gerolsteiner Mulde durchbrochen und deren Sedimentgesteine an die Oberfläche mitgerissen. Ob der Vulkanismus eine Dolomitisierung der Devonkalke bewirkt hat (v. BUCH 1824), kann an den mitteldevonischen Kalken und Dolomiten in den Tuffen und Schlacken untersucht werden.

G. FUCHS (1969 a, b) beschreibt mitteldevonische Dolomite und Kalke in Tuffen am Roßbüsch bei Niederbettingen (Oberbettinger Graben) und randlich oder völlig zu Kalksilikatfels umgewandelte Devonkalke in Block-Tuffen des Arensberg N Zilsdorf (Hi). Gefrittete mitteldevonische Dolomit- und Kalkbrocken werden auch von RAHM (1956) aus Tuffen des Kasselburger Hahn (Ge; A 36) erwähnt (vgl. A 37).

In der Tuffgrube am Kasselburger Hahn (A 36) konnte neben gefritteten Karbonatbrocken eine Dedolomitisierung an Einschlüssen in Wurfschlacken beobachtet werden. Dünnschliffe zeigen ein mikrokristallines Calcit-Mosaik, in dem Brauneisensäume noch ein ehemaliges Dolomitgefüge andeuten können. Röntgenuntersuchungen ergaben Aragonit neben Calcit. Der Aragonitgehalt nimmt zum Rand der Brocken ab. Möglicherweise wurden Dolomitbrocken bei erhöhter Temperatur, aber unter Atmosphäreneinfluß calcitisiert, wobei der erhöhte Mg-Gehalt im Innern der Brocken eine Aragonitbildung begünstigt haben mag, während aus den äußeren Partien das Mg ausgewandert ist, so daß sich hier Calcit bilden konnte.

Die Beobachtungen lassen sich nicht mit der von v. BUCH angenommenen dolomitisierenden Wirkung des Eifelvulkanismus vereinbaren.

2.3. Nichtkarbonate

2.3.1. *Authigene Quarze*

Aus Sedimentgesteinen werden häufig doppelt-terminierte Quarze beschrieben, die sich unabhängig von hydrothermalen Einflüssen gebildet haben. Ihre Authigenese ist an keinen allgemeinspezifischen Zeitpunkt während der Diagenese gebunden. HARDER & MENSCHEL (1967) konnten syngenetisch am Meeresboden gebildete idiomorphe Quarze nachweisen, während TOPKAYA (1950) u. a. epigenetische „Doppelpyramiden" beschreiben. Das Auftreten synsedimentär bis spätdiagenetischer Quarze auch in salinar beeinflußten Sedimenten (GRIMM 1962) zeigt beispielhaft die weitgespannten Möglichkeiten der Quarzneubildung während der Diagenese.

Als Kieselsäurelieferant kommen die Porenwässer in Betracht, die im allgemeinen SiO_2-Gehalte von 100 ppm aufweisen (DEGENS 1968). Nachdem HARDER & FLEHMIG (1967) über Manganhydroxid-Kieselsäure-Niederschläge aus wässeriger Lösung (2,8 mg/l H_2O; $T = 3°C$ bzw. 22° C) Quarzkristalle züchten konnten, ist eine Quarzgenese auch aus sehr verdünnter Lösung erwiesen. Die Sättigung einer Lösung ($pH < 9$) mit molekulardisperser Kieselsäure liegt bei einer Konzentration von 120 bis 140 ppm (ALEXANDER et al. 1954, OKAMOTO et al. 1957). Solche Lösungen sind bezüglich Quarz übersättigt. In der Natur kann die SiO_2-Konzentration lokal durch Auflösung von silikatischem Detritus und vor allem von vulkanischen Aschen, Gläsern und Kieselorganismen erhöht werden, wodurch ein authigenes Quarzwachstum möglich wird. So kommen nach MILLOT (1960) Silikatlösung und Quarzneubildung auf Plateaus in der Sahara nebeneinander vor, so daß sich Sandsteine unter aridem Klima mit episodischem Regenfall in Quarzite umbilden können.

Die authigenen Quarze in den devonischen Karbonatgesteinen der Eifel können aufgrund von Vorkommen, Kristallmorphologie und Einschlüssen in eine devonische und eine seltenere postvariskische Gruppe aufgeteilt werden.

2.3.1.1. Devonische Quarze

Die nachfolgenden Beobachtungen beruhen auf den HCl-Rückständen von 80 Karbonatgesteinsproben, von denen 50 statistisch auswertbare authigene Quarze enthielten. In den restlichen 30 Proben zeigen die Quarze nur ein geringes oder kein authigenes Wachstum.

Die devonische Quarzneubildung in den Kalken und Dolomiten des Arbeitsgebietes scheint nach den bisherigen Untersuchungen nicht horizontgebunden zu sein und von den Faziestypen die tonmineralärmeren zu bevorzugen. Die Quarze verdrängen besonders die Matrix, aber auch die Zemente A und B (selten) und die Fossilien. In den Dolomitgesteinen kommen sie inter- und intrakristallin vor und zeigen häufig randliche Lösungserscheinungen, so daß ein xenomorpher Quarz nicht immer eine detritische Einschwemmung zu sein braucht.

2.3.1.1.1. *Morphologie*

Die Quarzindividuen treten bevorzugt als doppelt terminierte Prismen auf. Nur selten fehlen die Prismenflächen, wodurch die Tracht einer Bipyramide entspricht. Die scheinbar vorliegende hexagonale Symmetrie ist wahrscheinlich aufgrund einer komplizierten Durchdringung von Rechts- und Linksquarzen hervorgerufen worden (vgl. GRIMM 1962). Pseudokubische Quarze mit fehlenden Prismen und nur einem ausgebildeten Rhomboeder je Pyramide konnten nicht beobachtet werden.

Die authigenen Quarze sind aber nicht immer durch Kristallflächen einheitlich begrenzt. Von der dominierend auftretenden idiomorphen Form gibt es sämtliche Übergänge zur xenomorphen Ausbildung. Um dieses Phänomen zahlenmäßig zu fixieren, wird eine von FÜCHTBAUER (1961) beschriebene Methode verwandt. Dabei werden die Quarzindividuen in den drei Klassen „überwiegend weitergewachsene Körner“, „zum kleineren Teil weitergewachsene Körner“ und „kaum oder nicht weitergewachsene Körner“ ausgezählt. Die zweite Gruppe wird je zur Hälfte den übrigen Klassen zugeordnet, und der kornprozentuale Anteil der neuen ersten Gruppe wird als „Anteil weitergewachsener Quarze“ festgehalten.

Ein hoher Anteil weitergewachsener Quarze (70—90 %) konnte nur bei tonmineralarmen und karbonatreichen Gesteinen beobachtet werden. Die schönsten Quarzkollektive entstammen Stromatoporen- und Favositenknollen, z. B. den hemisphäroidalen Stromatoporen im basalen Biostrom des Wallersheimer Dolomits (A 11). Geringere Anteile idiomorpher Quarze (0—20 %) führen die tonmineralreicheren und karbonatärmeren Gesteine. Der Unterschied zwischen den beiden Gruppen beruht auf verschieden starkem Quarzwachstum. Daß 100 % idiomorphe Quarze nicht vorkommen, beruht auf einer Desilifizierung nach der Quarzauthigenese.

2.3.1.1.2. Breiten-Längen-Index

Die Bestimmung des Breiten-Längen-Index $\frac{B \cdot 100}{L}$ ist in Anlehnung an die mikropaläontologische Methodik (u. a. LINDENBERG 1966) vorgenommen worden.

Zunächst wird ein Quarzkollektiv diskutiert, bei dem mit Hilfe vieler Meßwerte (> 1000) die Veränderung des Habitus mit der Kristallgröße beschrieben und gedeutet wird. In Kapitel 2.3.1.1.2.2. werden dann die 50 Quarzkollektive in Typen eingeteilt und miteinander verglichen.

2.3.1.1.2.1. Iversheimer Quarze

Das Beobachtungsmaterial stammt aus dem Iversheimer Dolomit (gehört zum Muldenkerndolomit der nordöstlichen Sötenicher Mulde, der nach NOWAK (1956) in den Grenzbereich Freilinger/Fleringer-Schichten (höchstes Eifelium nach STRUVE 1961 a) zu stellen ist. Die Probe ist dem unteren Dolomit (D_1 bei NOWAK 1956) des aufgelassenen Gemeindesteinbruchs von Iversheim (A 60) entnommen worden. Die Dolomit-XX des hypidiotopen Gefüges weisen einen mittleren Durchmesser von 60 μ auf. Sie können die authigenen Quarze als Einschlüsse enthalten.

Die Quarz-Längen schwanken zwischen 4 und 250 μ. Bei einer elektronenmikroskopischen Betrachtung sind noch kleinere Quarze zu erwarten.

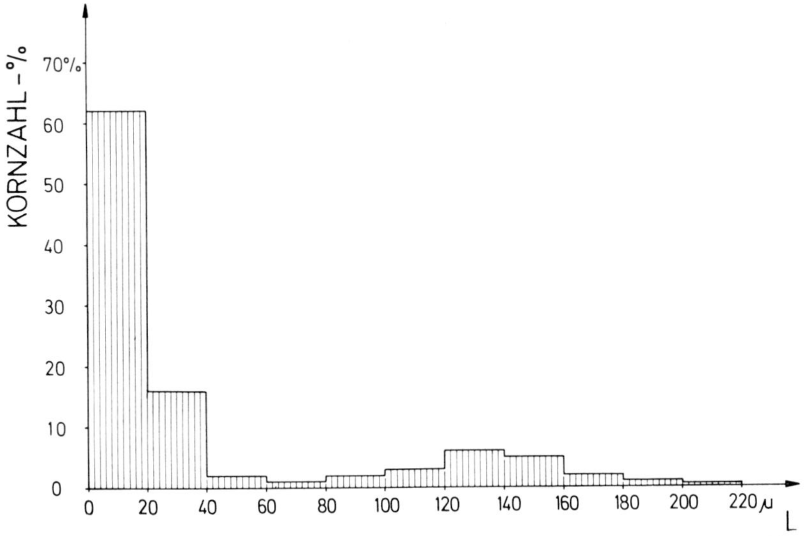

Abb. 40. Die prozentuale Häufigkeitsverteilung von 400 Iversheimer Quarzen in Abhängigkeit von der Kristallänge (L).

Fig. 40. Size distribution of 400 quartz crystals (Loc. A 60; Iversheim; one sample). L = maximum length.

Teilt man die Längen von 400 gemessenen Kristallen in Klassen von 20 μ auf, so ergeben sich zwei Maxima (Abb. 40), welche auch bei logarithmischer Verstreckung der Abszisse auftreten. Eine ausgeprägte Häufung weist die Klasse 0 bis 20 μ auf, während das zweite Maximum bei 120 bis 140 μ weniger scharf ist. Bei der Betrachtung der Breiten-Längen-Beziehung lassen sich die beiden Maxima noch deutlicher trennen (Abb. 41). Die kleinen Kristalle zeigen bevorzugt einen Breiten-Längen-Index $\left(\frac{B \cdot 100}{L}\right)$ von 52 bis 54, während die größeren mit einem stärker gedrungenen Habitus auftreten ($\frac{B \cdot 100}{L}$ = 58 bis 62). Dieser Unterschied kann nicht durch eine eventuelle Verkippung der großen Kristalle im Körnerpräparat erklärt werden.

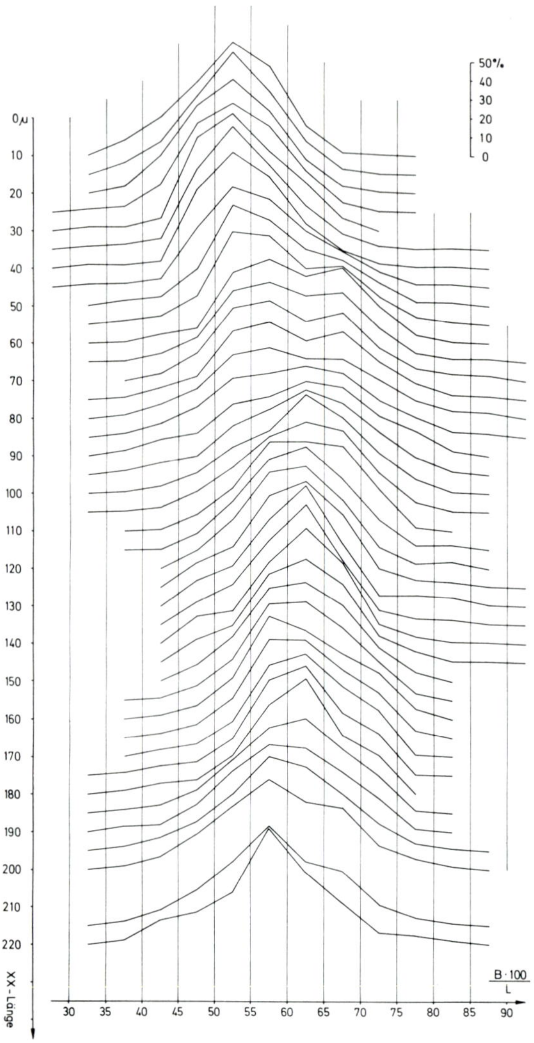

Abb. 41. Der Breiten-Längen-Index in Abhängigkeit von der Kristallänge in einzelnen Klassen übereinander dargestellt (1075 Iversheimer Quarze; weitere Erklärungen im Text).
Fig. 41. The width (B) — length (L) index (abscissa) in relation to the crystal length (ordinate), for different grain size classes, the arithmetic mean of which is indicated by the left end of the graphs (1075 "Iversheim" quartz crystals). Upper diagrams = long prismatic crystals with no visible (submicroscopic) nuclei; lower diagrams = short prismatic crystals with detrital nuclei; lowest diagrams = long prismatic crystals with relatively small detrital nuclei.

Die Beziehungen zwischen den beiden Häufungen können durch eine erhöhte Anzahl an Meßwerten in den schwächer besetzten Längen-Klassen weiter geklärt werden. Dazu wurden die Quarzindividuen zwischen 0 und 210 µ in 10 µ-Klassen aufgeteilt, wobei in jeder Klasse 50 Kristalle vermessen wurden. Im Bereich von 210 bis 250 µ konnten aufgrund der geringen Individuenzahl nur 25 Quarze berücksichtigt werden.

Die so erhaltenen 22 Klassen wurden 41 übergreifenden Klassen zueordnet: 0—20 μ, 0—30 μ, 10—30 μ, 10—40 μ, 20—40 μ, 20—50 μ . . . . . 170—200 μ, 180—200 μ, 180—210 μ, 190—210 μ, 190—250 μ, 200—250 μ. Die Breiten-Längen-Indizes aus jedem Kollektiv sind in Abb. 41 in Kornzahlprozenten dargestellt. Die Basis jeder Kurve liegt bis 210 μ Länge in der entsprechenden Längen-Klassenmitte. Im Bereich von 210 bis 250 μ ist die mit zunehmender Kristallänge geringere Anzahl der Werte innerhalb der Klassen berücksichtigt worden (vgl. die ursprünglichen 22 Klassen), so daß die Basis bei einem Längenwert eingezeichnet wurde, der geringer als die jeweilige Klassenmitte ist.

Die Einzelkurven des „Wellengebirges" deuten bis auf den Bereich zwischen 50 und 80 μ Länge nur ein Maximum an, während der Übergang vom feinen zum groben Quarzkollektiv durch Doppelmaxima gekennzeichnet ist. Mit zunehmender Kristallänge verschwindet hier das Maximum mit dem kleineren Breiten-Längen-Index, und es entwickelt sich daneben der kurzprismatische Quarztyp. In den Klassen mit großen Kristallängen sinkt der Breiten-Längen-Index wieder etwas.

Die Quarzgenese der beiden Kollektive mag zeitgleich sein, aber die großen kurzprismatischen Kristalle haben sich nicht durch stärkeres Wachstum aus den kleinen langprismatischen Quarzen entwickelt, da beide Kollektive deutlich voneinander getrennt sind (s. obere Mitte von Abb. 41).

Im groben Quarzkollektiv markieren häufig einschlußreiche Zonen als Umhüllung einen detritischen Quarzkern. Der Anwachssaum hat die gleiche optische Orientierung wie der detritische Kern.

Bei der Authigenese der Quarze hat sich aus dem Detritus ein kurzprismatischer idiomorpher Typ entwickelt (Abb. 41, 50 bis 180 μ). Der unterschiedliche Habitus gleichlanger Kristalle aufgrund verschieden großer detritischer Kerne und das Absinken des Breiten-Längen-Index mit großen Kristallängen (Abb. 41, 180 bis 220 μ), bei denen die relativ kleinen Kerne die größten detritischen Quarzkörner darstellen, deuten in diesen Fällen ein bevorzugtes Längenwachstum mit fortschreitender Quarzgenese an.

Bei den Quarzen aus dem Iversheimer Dolomit beträgt der Durchmesser der detritischen Kerne durchschnittlich die Hälfte der Breite der idiomorphen Quarze, so daß sich für den Quarzdetritus ein Korngrößenspektrum von etwa 20 bis 120 μ (mittlerer ⌀ 60 bis 70 μ) ergibt. Da die Körnerpräparate außerdem einen geringen Tonmineral-Glimmer-Anteil (etwa 2 % des HCl-Rückstandes, der 6 % des Gesteins ausmacht) aufweisen, sind die Iversheimer Quarze offensichtlich in einem tonarmen Sediment gewachsen, das aufgrund von Calciteinschlüssen in den Quarzen ein Kalkstein gewesen sein dürfte.

Das Prinzip des Kristallwachstums der Quarze dürfte dem der Dolomitkristalle entsprechen (s. S. 38 ff). Die einschlußreiche Zone um die detritischen Körner resultiert aus einem schnellen Quarzwachstum, während bei dem häufig beobachteten klaren Randsaum das Wachstum langsam genug war, um das Fremdmaterial vollständig mechanisch zu verdrängen. Diese Arbeitshypothese ermöglicht eine Deutung unterschiedlich ausgebildeter Quarze bzw. Quarzkollektive:

Die authigenen Quarze sind umso länglicher, je größer der Anteil der einschlußreichen Zone in ihnen ist. Außerdem wird das Längen/Breiten-Verhältnis natürlich von der Größe eines (isometrischen) detritischen Kernes beeinflußt. Bei sehr kleinen

Kristallen kann häufig kein eingeschlossenes Fremdmaterial beobachtet werden, aber der langprismatische Habitus deutet ein schnelles Wachstum an. Die Bildung langprismatischer Quarze ohne mikroskopisch sichtbaren Kern wird als „wildes Wachstum“ bezeichnet. Kristalle, die bei dem schnellen Quarzwachstum das Fremdmaterial nicht mechanisch verdrängen konnten, zeigen Einbuchtungen an der Kristalloberfläche, welche Anlösungen vortäuschen.

Die Deutung dieser devonischen Quarzkollektive wird dadurch erleichtert, daß sie immer nur eine einschlußreiche oder (und) eine einschlußarme „Zone“ aufweisen.

2.3.1.1.2.2. Vergleich verschiedener Quarzkollektive

Die devonischen authigenen Quarze (50 Proben) lassen sich 7 Kollektivtypen zuordnen, die unabhängig von der kalkigen oder dolomitischen Zusammensetzung des Wirstgesteins auftreten (Abb. 42). Zwischen den Kollektivtypen können sämtliche Übergänge beobachtet werden.

Beschreibung und Deutung der Haupttypen und Angaben über die Entnahmeschicht der in Ab. 42 wiedergegebenen Beispiele:

Typ A: Der HCl-Rückstand enthällt nur die kleine langprismatische Quarzgruppe (mittlere Länge 10—15 μ).
Detritische Quarzkörner fehlen; „wildes Wachstum“ beherrscht das Bild.
A_1: Lutitischer Biokalkarenit der Junkerberg-Schichten (A 50).
A_2: Dolomit (mittlerer ⌀ 60 μ) aus dem Munter-Lei-Dolomit (A 51).

Typ B: Die Proben werden durch relativ große kurzprismatische Quarze geprägt (mittlere Länge $>$ 50 μ), während die kleine Gruppe fehlt.
Vorhandene detritische Quarze werden umwachsen.
B_1: Crinoidenspatkalk des Nollenbach-Horizontes (obere Freilingen-Schichten, A 52).
B_2: Dolomit (mittlerer ⌀ 125 μ) aus dem Munter-Lei-Dolomit (A 53).

Typ C: Kleine langprismatische Quarze treten neben großen kurzprismatischen auf. Die kleine Gruppe überwiegt kornzahlmäßig bei weitem die große (z. B. Iversheimer Quarze, s. voriges Kapitel).
Es finden sowohl Umwachsungen als auch „wildes Wachstum“ statt. Letzteres überwiegt.
C_1: Lutitischer Pelkalksparit des Wotan-Horizontes (untere Loogh-Schichten, A 54).
C_2: Dolomit (mittlerer ⌀ 160 μ) der unteren Bolsdorf-Schichten (A 55).

Abb. 42. Die sieben Kollektivtypen devonischer idiomorpher Quarze; oben Kalk-, unten Dolomitproben. Die erste und die dritte Diagrammreihe zeigen die prozentualen Häufigkeitsverteilungen der Typen in Abhängigkeit von der Kristallänge (L). Die zweite und die vierte Diagrammreihe geben die jeweilige Veränderung des Breiten-Längen-Index in bezug auf die Kristallänge wieder.

Fig. 42. The seven types of Devonian idiomorphic quartz assemblages; above limestone samples, below dolomite samples. The histograms indicate the size distribution. The curves indicate the width-length ratio related to the crystal legnth (abscissa) whereas in A and F no detrial cores were observed, an increasing number of cores was found in G, C, D, E, and B.

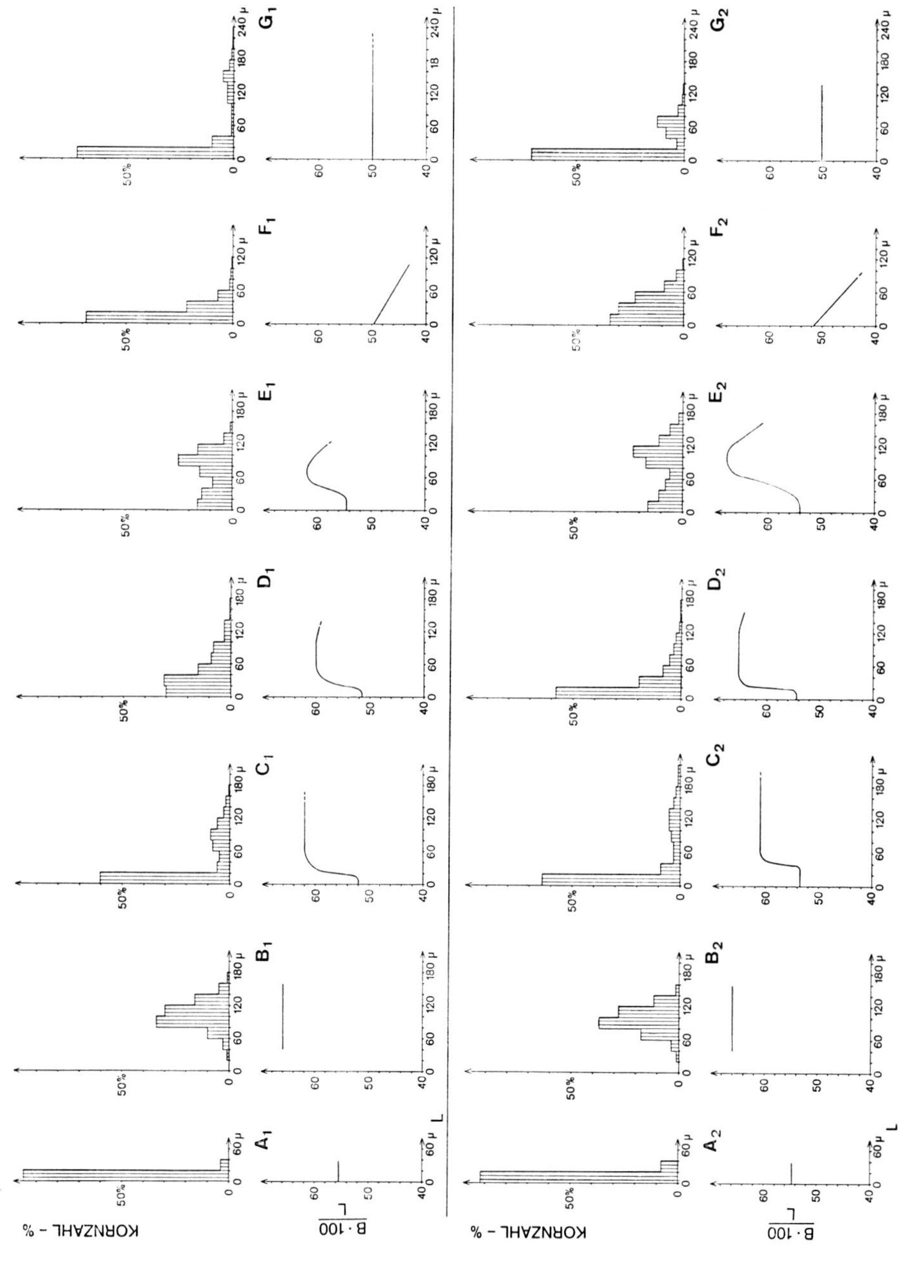

Abb. 42

Typ D: Die Verteilung der Kristallgrößen ergibt nur ein Maximum, aber aufgrund des Breiten-Längen-Index können kleine langgestreckte Quarze von größeren gedrungenen getrennt werden. Wie C, doch sind die detritischen Keime hier kleiner als dort.

D_1: Lutitischer Biokalkarenit des Givetium im Liegenden des Schönecker Dolomits (A 56 a).

D_2: Dolomit (mittlerer ⌀ 200 μ) aus dem Liegendsaum des Schönecker Dolomits (A 56 b).

Typ E: Aus der Kristallgrößenverteilung und aufgrund des Breiten-Längen-Index ergeben sich zwei Maxima. Die großen kurzprismatischen Quarze überwiegen, wobei die größten Quarze wieder einen stärker lang prismatischen Habitus aufweisen.

Wie C, aber die Umwachsungen überwiegen.

E_1: Grobspätiger Kalk (calcitisierter Dolomit) des oberen Nollenbach-Horizontes (obere Freilingen-Schichten, A 57 a).

E_2: Dolomit (mittlerer ⌀ 340 μ) des Nollenbach-Horizontes (A 57 b).

F: Es treten nur kleine langprismatische Quarze auf, aber die Variationsbreite der Längen ist größer als beim Typ A, und der Breiten-Längen-Index nimmt mit zunehmender Kristallgröße ab.

Nur „Wildes Wachstum". Merkwürdig ist die Verstärkung des Längenwachstums mit zunehmender Kristallgröße. Möglicherweise nahm die Zufuhr der Kieselsäure während des Wachstums zu, und die großen Kristalle wuchsen auf Kosten der kleinen, was zu einem stärkeren Längenwachstum der größeren Kristalle führen würde.

F_1: Kalkige Favosites-Knolle des Wotan-Horizontes (untere Loogh-Schichten, A 58).

F_2: Dolomitisierte Stromatoporenknolle aus dem Biostrom des unteren Wallersheimer Dolomits (A 59).

Typ G: Die Kornzahl-%/Längen-Beziehung deutet zwei Maxima (wie beim Typ C) an, aber die großen Quarze führen den gleichen langprismatischen Habitus wie die kleinen.

Mischtyp aus A und B, wobei der Typ A den biogenen Knollen entstammt und der Typ B kalklutitgefüllten Spalten. Die detritischen Quarzkerne sind relativ klein und weisen ein breites Korngrößenspektrum auf. Das Quarzwachstum entspricht genau einer Stärke, bei der die Kerne keinen größeren Breiten-Längen-Index (Typ C) bewirken und sich im Index noch kein größeres Längenwachstum (Typ F) bemerkbar macht.

G_1: Kalkige Stromatoporenknolle der Junkerberg-Schichten (A 66).

G_2: Dolomitisierte Stromatoporenknolle der Nohn-Schichten (A 67).

2.3.1.1.3. Einschlüsse in authigenen Quarzen

Die großen gedrungenen Quarze zeichnen sich im Gegensatz zur kleinen Generation durch Einschlüsse von Fremdmineralien (feines Erzpigment, Calcit, Dolomit, Anhydrit ?) aus. Calciteinschlüsse führen die Quarze der Kalksteine und der meisten Dolomite. Der Mg-Gehalt der Calciteinschlüsse liegt statistisch höher als der der Kalksteine (Abb. 44).

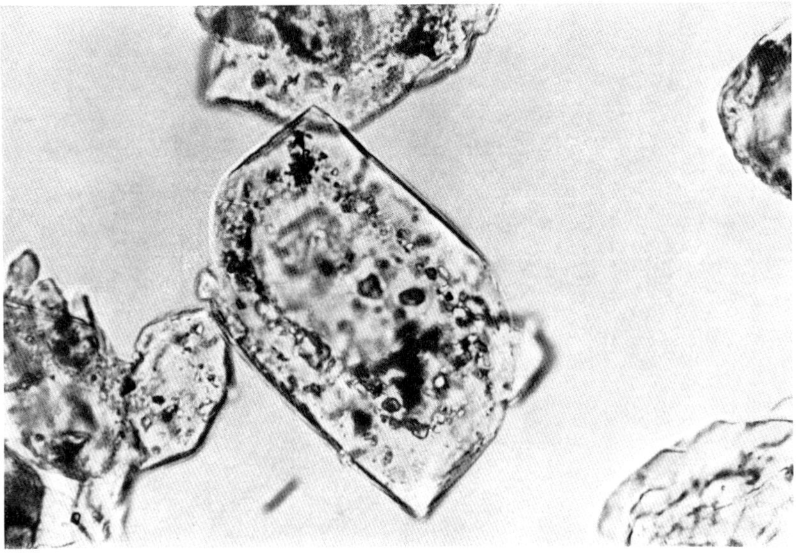

Abb. 43. Authigener Quarz mit detritischem Kern. Eine calcitreiche Zone umhüllt den detritischen Teil und wird von einer einschlußärmeren Zone eingeschlossen (Iversheimer Quarz; A 60; Kristallänge 120 μ).

Fig. 43. Authigenic quartz crystal with detrital core, enveloped by calcite inclusions (Loc. A 60; Iversheim; crystal size 120 μ).

Dolomiteinschlüsse in Quarzen finden sich nur im Wallersheimer Dolomit und in einer geringmächtigen Zone am Top der Munter-Lei-Dolomite. Diese Dolomite bilden die Top-Regionen der beiden frühdiagenetischen Dolomitisierungsbereiche an der Grenze Eifelium/Givetium bzw. Givetium/Adorfium. Zwei Quarzproben der Bolsdorf-Schichten (Zentralbereich des Schönecker Dolomits) ergaben röntgenographisch Dolomit neben Calcit.

Die Einschlußmineralien ordnen sich bevorzugt schalenförmig im Wirtskristall an (Abb. 43). Im umhüllten Bereich tritt nur Erzpigment auf, während der äußere Saum des Quarzkristalls meist einschlußfrei ist. In den kurzprismatischen Quarzen folgen die Einschlüsse der rundlichen Oberfläche der detritischen Kerne. In anderen Kristallen finden sich elliptische karbonatreiche Zonen, dessen oblonge Achse parallel den verlängerten Rhomboederflächen oder parallel der verlängerten aa-Ebene (senkrecht zur c-Achse) liegt. In Ausnahmefällen kann ein Quarzkristall zwei Einschlußschalen nebeneinander enthalten. Aber eine rhythmische Aufeinanderfolge mehrerer Zonen wie in den Suttroper Quarzen (Koritnig 1961) und wie z. T. in den jüngeren Eifelquarzen (s. S. 67) ließ sich in keinem Fall nachweisen.

Die differenzierte Ausbildung des authigenen Saumes um die detritischen Quarzkomponenten (einschlußreiche Innenzone und einschlußarme Außenzone) spiegelt eine unterschiedliche Karbonat-Quarz-Wechselbeziehung wieder. Im Bereich der Einschlußzone sind die ehemaligen Sedimentpartikel nur teilweise gelöst bzw. mechanisch verdrängt worden, so daß sich die Kieselsäureabscheidung hauptsächlich auf den Porenraum des Kalksediments beschränkt hat. Der Vorgang muß nach Storz (1928) als Übergangsglied zwischen Durchkieselung und Verkieselung angesehen werden. Da im äußeren einschlußarmen Saum das primäre Sediment

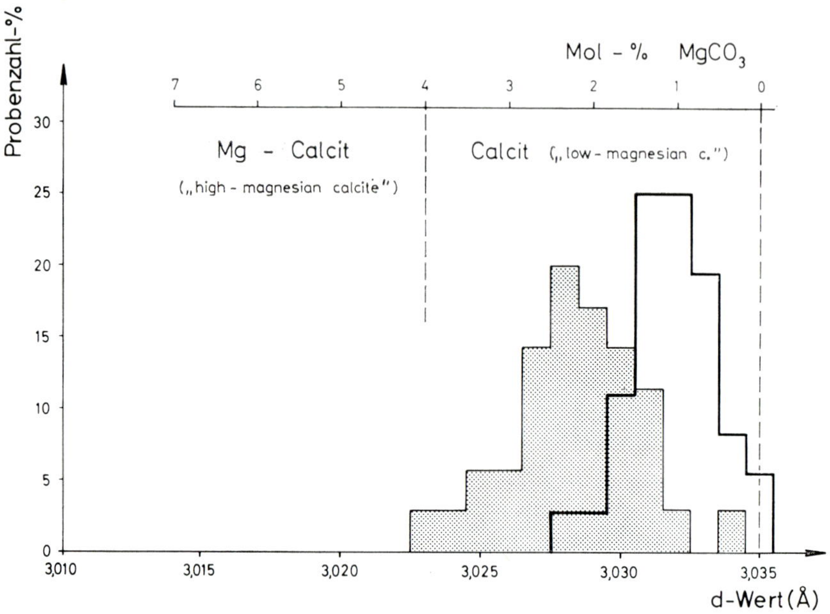

Abb. 44. Häufigkeitsverteilungen der Mg-Gehalte von Calciten: a) Calciteinschlüsse der Quarze (mit Raster); b) Calcite von dolomitfreien devonischen Kalksteinen und Kalksteinen des offenen Dolomitgefüges (ohne Raster).

Fig. 44. Chemical composition of calcite (histograms). Left (dotted): calcite inclusions in quartz (35 analyses); right: Devonian limestones (36 analyses).

stärker durch SiO_2 verdrängt worden ist, entspricht diese Erscheinung mehr einer Verkieselung (Kalkowsky 1901, Storz 1928).

In einigen Dolomitproben mit calcitgefüllten Quarzen hat umgekehrt eine Desilifizierung stattgefunden. Die idiomorphen Quarze wurden randlich durch Dolomit verdrängt. Diese Beobachtungen stimmen mit Korrosions- und Lösungserscheinungen an authigenen Quarzen durch eine spätdiagenetische Dolomitisierung im Massenkalk des Bergischen Landes überein (vgl. Gotthardt 1962).

2.3.1.1.4. Genese der Quarze

Die authigenen Quarze sind zumindest teilweise jünger als der Calcitzement B, in welchen sie vereinzelt eingebettet sind, aber älter als der größte Teil der devonischen Dolomite, deren Quarze Calciteinschlüsse enthalten. Eine relativ frühe Quarzgenese deutet der im Gegensatz zu den Kalksteinen erhöhte Mg-Gehalt der Einschlußcalcite an, der z. T. auf Mg-Calcit-bauende Organismen (devonische Rugosa und Tabulata, Crinoidea) zurückzuführen ist (Richter 1971 und 1972). Nur die oben genannten Hangendzonen (z. B. Wallersheimer Dolomit) führen Dolomit im Quarz. Da die Quarzgenese im oberen Bereich der devonischen Dolomitkörper jünger als die Dolomitisierung (Dolomit in Quarz) und im unteren Bereich älter ist (Calcit mit erhöhtem Mg-Gehalt im Quarz), wird als Zeitpunkt für die Quarzbildung der Übergang zwischen unverfestigtem und verfestigtem Sediment (evtl. frühe Spätdiagenese) angenommen (vgl. Genese der devonischen Dolomitkörper), unter der

Voraussetzung, daß der Zeitraum zwischen Sedimentation und Quarzbildung überall etwa gleich war.

Die genannten Beobachtungen beziehen sich auf die groben Quarzkollektive mit detritischem Kern und einschlußreicher Innenzone des Anwachssaumes. Für die durch „wildes Wachstum" entstandenen kleinen Quarzkollektivle ist kein jüngeres Alter anzunehmen, denn eine erneute Kieselsäurezufuhr hätte zu einem zyklischen Schalenbau der vorhandenen idiomorphen „Groß"-Quarze geführt.

Daß die zur Quarzauthigenese notwendige Kieseläure nur von gelösten Silikaten sandiger Lagen abgeleitet werden kann, ist unwahrscheinlich, da auch mächtige rückstandsarme Serien (z. B. Schönecker Dolomit) authigene Quarze enthalten.. Wahrscheinlich spielen Kieselschwämme, die lokal in den Eifelkalken beschrieben werden (Bartenstein 1935), eine größere Rolle.

2.3.1.2. Jüngere Quarze

2.3.1.2.1. An Stylolithen gebundene Quarze

In einem Stromatoporenbiostrom (Nohner Schichten; A 61) am Südrand der Sötenicher Mulde sind Quarz- und Dolomitkristalle an Drucksuturen gesproßt. Die Quarze sind ebensowenig wie die Dolomite (vgl. S. 31) aufgrund der Kalklösung zusammengedriftet, sondern nahe den Stylolithen gewachsen.

Der Dolomit verdrängt die Quarze und schließt vereinzelt stark angelöste Quarzkristalle ein. Bei den Quarzeinschlüssen konnte nur Calcit festgestellt werden, der in mehreren Zonen angereichert sein kann (im Gegensatz zu den devonischen Quarzen).

Die Stylolithen durchqueren einen Zement B und werden von teilweise dolomitisierten, aber nicht silifizierten Calcitspalten durchschlagen. Die Suturen zeichnen bevorzugt die Stromatoporenstrukturen nach (s. Abb. 20), wobei sie senkrecht zur Schichtung verlaufen können. Da die Vertikalstylolithen einen lateralen Druck voraussetzen, wird für ihre Genese ein variskisches Alter, wahrscheinlich Karbon (?) angenommen. Die Stylolithen-Quarze sind jünger als die spätdiagenetischen Drucksuturen und älter als die permotriadische Dolomitisierung.

2.3.1.2.2. An Dolomitrückstände gebundene Quarze

Die Dolomitkonglomerate führen häufig Gerölle, die von innen nach außen dedolomitisiert werden (vgl. Solle 1937). Am Boden der Hohlräume bleibt dann ein mulmiger Rückstand zurück, in dem sich Calcitskalenoeder und Quarze neu bilden können. In den Buntsandsteinkonglomeraten (A 48 und A 49) treten derartige authigene Quarze selten auf, aber in den Waderner Schichten südlich der Olkenbacher Mulde (A 45) können aus den Hohlräumen der Dolomitgerölle gute Quarzkollektive gewonnen werden. Die Quarze können zonar gebaut sein und führen stöchiometrische Calcite u n d Dolomite als Einschlüsse. Die größte beobachtete Länge beträgt 4 mm, während die devonischen Quarze nicht die Länge von 300 μ erreichen.

Da die Konglomerate erst durch eine postriadische Erosion wieder in die Oberflächennähe gelangt sind, wird für die Dedolomitisierung und die Genese der Calcitskalenoeder und der authigenen Quarze ein posttriadisches Alter angenommen. Die notwendige Kieselsäure kann vom Quarzrückstand der angelösten Dolomite und (oder) von den Quarzen (bzw. Feldspäten u. a.; keine Anwachssäume, z. T. Verdrängungen durch Dolomit, Drucklösungskontakte zwischen Quarzen) der Sandmatrix in den Konglomeraten abgeleitet werden. Beim untersuchten Quarzkollektiv von Bausendorf (A 45) dürfte letzteres der Fall gewesen sein, da die dolomitisch erhaltene Geröllschale weniger als 0,5 % Quarz (Glimmergehalt noch geringer, Feldspäte nicht nachweisbar) enthält, aber etwa 1/10 des Hohlraumes mit authigenen Quarzen ausgefüllt war.

2.3.1.2.3. An „Gänge" gebundene Quarze

Im Straßenanriß Gerolstein/Büdesheim (A 63) ist eine Dolomit-Quarz-Fluorit-Partie zwischen den hangenden Bänken des überkippten Wallersheimer Dolomits schichtparallel eingelagert. Quarz und Fluorit verdrängen teilweise einen älteren Dolomit und werden wiederum von einem jüngeren Fe-Dolomit angegriffen (vgl. S. 41). Die authigenen Quarze sind langprismatischer als die devonischen Quarze und führen Dolomiteinschlüsse.

Wahrscheinlich handelt es sich um eine hydrothermale Paragenese, die sich in Verbindung mit dem tertiär-quartären Eifelvulkanismus gebildet hat. Eine Störung im steilgestellten und tektonisch reduzierten unteren Oberdevon mag als Aufstiegsbahn gedient haben. Eine hydrothermale Zufuhr von Dolomit bleibt aber fraglich, da das benachbarte Gestein bereits devonisch dolomitisiert wurde, und somit die Dolomitkomponente durch Umkristallisation im Gangbereich entstanden sein kann.

2.3.1.3. Zum Habitus der authigenen Quarze

Der Einfluß der Bildungsbedingungen auf den Habitus der authigenen Quarze wird aufgrund von sieben Kollektiven aus mittel-devonischen Karbonatgesteinen des Rheinischen Schiefergebirges untersucht:

a) Quarze des devonischen Typs B (B_2; s. S. 62 u. Abb. 42; A 53; Breiten-Längen-Index 66)
b) Quarze des devonischen Typs F (F_1; s. S. 64 u. Abb. 42; A 58; Breiten-Längen-Index 44 bis 50)
c) an Dolomit-Rückstände gebundene Quarze (s. S. 67; A 45; Breiten-Längen-Index 46)
d) an Stylolithen auskristallisierte Quarze (s. S. 67; A 61; Breiten-Längen-Index 44)
e) hydrothermale Quarze der Eifel (s. o.; Si—F (ev. Mg—F—) reiche Lösungszufuhr; Breiten-Längen-Index 42)
f) hydrothermale Quarze des Dornaper Massenkalkes (Behr 1915, Udluft 1929, Gotthardt 1962; A 64; Mg-reiche Lösungszufuhr; die rauchgrauen Quarze sind vor der Dolomitfront im Kalk auskristallisiert, enthalten zonar gebaute calcitreiche Einschlußzonen und werden im Dolomit durch das Karbonat verdrängt; Breiten-Längen-Index 40)
g) hydrothermale Quarze des Massenkalkes bei Fretter A 65; Mg-reiche Lösungszufuhr; die Quarze einer Bank sind im Kalk neben dem Dolomit gut ausgebildet, ungefähr 10 cm neben der Karbonatgrenze im Dolomit stark angelöst und fehlen bei weiterer Entfernung vom Kalk; Breiten-Längen-Index 35)

Die Quarzgruppen a bis d sind unter diagenetischen Bedingungen entstanden, während die Kollektive e bis g unter hydrothermalem Einfluß gebildet wurden. Detritische Kerne, die das hohe Breiten-Längen-Verhältnis des devonischen Typs B verursachen (s. S. 62), konnten bei den übrigen sechs Kollektiven nicht beobachtet werden. Periodisches Quarzwachstum wurde in den Gruppen c, d und f festgestellt.

Da die hydrothermalen Quarze einen stärker langprismatischen Habitus aufweisen, scheinen neben dem Elektrolytgehalt der Porenwässer (Grimm 1962) und der Zusammensetzung des Wirtsgesteins (hier Karbonatgesteine) Si-Konzentration und (P)/T-Bedingungen einen Einfluß auf das Längenwachstum authigener Quarze zu haben (vgl. S. 61). Wahrscheinlich wuchsen die hydrothermalen Quarze schneller.

Das mit zunehmender Kristallgröße wachsende Längenwachstum bei manchen devonischen Quarzen (deutlich bei Typ F) kann vorerst nur als Tatsache mitgeteilt werden. Bei den übrigen diagenetischen (unter Berücksichtigung der detritischen Kerne) und bei den untersuchten hydrothermalen Quarzen ist das Breiten-Längen-Verhältnis unabhängig von der Kristallgröße.

2.3.2. *Kalifeldspat*

In den HCl-Rückständen der Eifelkarbonate tritt Kalifeldspat als nächsthäufiges Leichtmineral neben Quarz auf. Idiomorphe Kristalle und deren Vorkommen in Korallen und Stromatoporen deuten oft seine Authigenese an. Der neugebildete Kalifeldspat erscheint in einer Rhomboeder-ähnlichen Tracht (vgl. Abb. 15 und 30 in Schloemer 1962) mit tafeligem Habitus nach (010). Die $n\alpha'$-Werte liegen zwischen 1,517 und 1,519. Das Karlsbad-Gesetz ist beim Rhomboeder-ähnlichen Typ die einzige Art der Verzwillingung. Authigene Kalifeldspäte mit komplizierterer Morphologie und Vierlingsverzwillingung (Topkaya 1950, Perrenoud 1952, Baskin 1956) konnten nur als Ausnahme beobachtet werden.

Die Kristalle schließen oft einen unregelmäßigen, optisch abweichend orientierten Kalifeldspatkern ein, der im Gegensatz zur Hülle Mikroklingitterung aufweisen kann.

Authigene Kalifeldspäte des Rhomboeder-ähnlichen Typs können die Rückstände von Proben des Wallersheimer Dolomits überschwemmen. Da ich für den Wallersheimer Dolomit eine frühdiagenetische Dolomitgenese annehme (s. S. 71), würde die Beobachtung mit Untersuchungen von Braun & Friedman (1969) übereinstimmen, die authigene Kalifeldspäte bevorzugt in frühdiagenetischen Dolomiten fanden. Ebenfalls reich an authigenen Kalifeldspat, allerdings vom Vierlingstyp, sind die frühdiagenetischen anisischen Dolomite des zentralalpinen Mesozoikum östlich des Reschensees. Füchtbauer (1972) konnte im norddeutschen Zechstein eine bevorzugte Bildung authigener Kalifeldspäte im evaporitischen Milieu beobachten.

Eine Korrelation zwischen Kalifeldspatneubildung und frühdiagenetischer Dolomitisierung muß fraglich bleiben, da einzelne mitteldevonische Kalkbänke (auch tonarme) eine ähnliche Häufigkeit an authigenen Kalifeldspäten aufweisen können. In einer spätdiagenetisch teilweise dolomitisierten givetischen Kalklage des Steinbruchs E Ripsdorf (Liegendsaum des Schönecker Dolomits; Do; A 18 u. 56) enthält der unveränderte Kalk idiomorphe Kalifeldspäte mit den oben beschriebenen Einschlüssen, während die Kalifeldspäte im dolomitisierten Bereich stark korrodiert sind.

Diffraktometeraufnahmen (Pulver) von kalifeldspathaltigen HCl-Rückständen wurden auf die Aufspaltung der Kalifeldspatinterferenzen (130) bzw. (131) in (130) und (1$\bar{3}$0), bzw. in (131) und (1$\bar{3}$1) untersucht. Die Aufspaltung ist nach GOLDSMITH & LAVES (1954) und CHRISTIE (1962) ein Anzeichen für erhöhte Triklinität. Reiner Mikroklin mit starker Aufspaltung konnte bei zwei Proben mit Kalifeldspat-Vierlingen aus dem zentralalpinen frühdiagenetischen Anisdolomit (s. o.) bestimmt werden: $(d_{131} - d_{1\bar{3}1}) = 0{,}0598$ bzw. 0,0635. Die Werte entsprechen denen für authigene Mikrokline und sind etwas geringer als bei nichtauthigenen Mikroklinen (KASTNER 1971). Die Triklinität der Kalifeldspäte aus dem oberdevonischen Wallersheimer Dolomit der Prümer Mulde ist wesentlich geringer. In einzelnen Proben deutet die fehlende Interferenzaufspaltung monokline authigene Kalifeldspäte an.

Die Kalifeldspate der zuvor beschriebenen givetischen Kalk-Dolomit-Bank (s. o.; A 18 bzw. 56) weisen nur eine geringfügige und etwas diffuse Interferenzaufspaltung von (130) bzw. (131) auf. Da bei diesen Proben die klaren Anwachssäume nicht die Mikroklingitterung der optisch anders orientierten Kerne übernehmen, scheinen trikline Kalifeldspäte monoklin weitergewachsen zu sein, wodurch sich eine intermediäre Stellung der Interferenzaufspaltung ergibt.

Die Feldspatgenese dürfte im Liegendsaum der devonischen Dolomitkörper (angelöste Kalifeldspatneubildungen) vor der Dolomitisierung und im Topbereich der Biostromdolomite (idiomorphe Kalifeldspäte im Wallersheimer Dolomit) nach der Dolomitbildung erfolgt sein. Da direkt über der oben beschriebenen Kalk-Dolomit-Bank und wenige Meter über dem Basisbiostrom des Wallersheimer Dolomits graugrüne Tonlagen mit Illit-Montmorillonit auftreten (Bentonit ?), besteht möglicherweise eine Beziehung zwischen der Kalifeldspatbildung und einem devonischen Vulkanismus (vgl. WINTER 1970).

2.3.3. *Sonstige Minerale*

Plagioklas, Turmalin (z. T. authigen), Rutil, Pyrit, Brauneisen u. a. erscheinen in den HCl-Rückständen als Nebengemengteile und haben keine eindeutige Beziehung zur Dolomitgenese ergeben.

In einem pseudoolithischen Crinoidenspatkalk der Heisdorfer Schichten in der Ahrdorfer Mulde (A 21) konnte lokal eine Anreicherung von Barytocölestin (röntgenographisch bestimmt; vgl. FÜCHTBAUER 1967, S. 169) beobachtet werden, der von authigenen Quarzen und von Fe-Dolomit-XX des Fleckendolomit-Typs verdrängt wird.

Die im SE-Teil der Prümer Mulde (A 63) beobachtete Beziehung zwischen einer Fluoritgenese und der Dolomitisierung wird auf S. 68 beschrieben.

Röntgenographische Pulveraufnahmen von HCl-Rückständen und Texturaufnahmen von Rückständen, die durch Lösung in verdünnter Essigsäure (1 %-ig) gewonnen wurden, ergaben folgende, z. T. nebeneinander auftretende Phyllosilikate (mit abnehmender Häufigkeit aufgeführt): 2 M-Muskowit-Illit, Mixed Layer (Illit-Montmorillonit), Chlorit, Kaolinit. Chlorit ist besonders in den eisenreichen Pseudoolithen der Heisdorfer Schichten (HAPPEL 1930) und des Hundsdell-Horizontes (obere Nohner Schichten) und in den Schichten über dem Wallersheimer Dolomit angereichert. Da Kaolinit nur in Kalifeldspat-haltigen Proben und in Dedolomitisierungszonen beobachtet werden konnte, scheint die Bildung dieses Minerals mit Verwitterungsvorgängen zusammenzuhängen.

3. Diskussion zur Dolomitbildung in der Eifel

3.1. Devonische Dolomite

3.1.1. *Schönecker Dolomit (i. w. S.)*

In den Schichten des oberen Givetium (Bolsdorf-Schichten) häufen sich Korallen-Stromatoporen-Biostrome, die im obersten Givetium und im unteren Adorfium wechsellagern mit dünnplattigen und tonhaltigen Intraklastdolomiten, Dolomitlaminiten (z. T. Algenmatten ?), Horizonten mit Lebensspuren und Fossilschuttlagen mit artenarmer, aber individuenreicher Fauna (häufig Gastropoden und Algenumkrustungen). Die Dolomitkristallgrößen sind geringer und die Fossilerhaltung ist besser als in den darunterliegenden Dolomiten des Schönecker Dolomits. Der Dolomitchemismus zeigt eine scharfe Hangendgrenze des Schönecker Dolomits (i. w. S.) an: Die Dolomite der Bolsdorf-Schichten und des Wallersheimer Dolomits haben vorwiegend eine stöchiometrische Zusammensetzung, während die dolomitisierten Bereiche des Ooser Plattenkalkes aus Ca, Fe-Dolomiten bestehen. Aufgrund aller dieser Beobachtungen dürften die oberen Bolsdorf-Schichten und der Wallersheimer Dolomit frühdiagenetsch dolomitisiert worden sein.

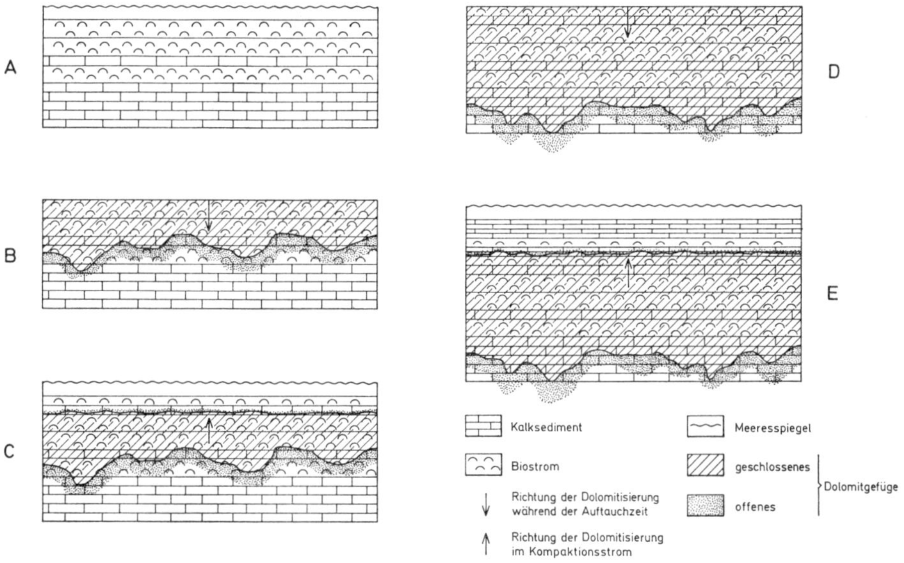

Abb. 45. Schematisierte Entwicklung des Schönecker Dolomits (i. w. S.). Erklärung im Text.
Fig. 45. Schematic development of the Schönecken Dolomite (sensu lato, i. e. including the Wallersheim Dolomite).

A Formation of biostrome — subtidal
B Dolomitization — inter- to supratidal; descendent
C Continued biostrome growth — subtidal
ascendent dolomitization — caused by interstitial water from early diagenetic dolomites squeezed upward during compaction
D Dolomitization — inter- to supratidal; descendent
E Biostrome continued, but it was overlain by turbidites — subtidal; at the same time dolomitization as in C
(Oblique hatching = dolomite; dotted = dolomitic limestone)

Der Wechsel zwischen den Plattendolomiten und den Biostromen deutet ein Auf- („inter- bis spuratidal") bzw. ein Abtauchen („subtidal") des Meeresgrundes an (relativ zum Meeresspiegel; vgl. Abb. 45). Diese alternierenden Bewegungen verschoben sich während der Ablagerung des Wallersheimer Dolomits zugunsten der „inter- bis supratidal"-Sedimente, da Zahl und Mächtigkeit der Biostrome abnehmen. In den Auftauchzeiten drang die Dolomitfront in immer tiefer gelegene Kalksedimente des Mitteldevon ein, wobei Gesteinszusammensetzung und Durchlässigkeit für die Eindringtiefe maßgebend waren (unregelmäßige Untergrenze des Schönecker Dolomits).

Nach Ablagerung des Wallersheimer Dolomits senkte sich die Sedimentoberfläche in den „subtidal"-Bereich, und die Kalksedimente konnten nicht mehr deszendent dolomitisiert werden (s. Abb. 45, Fig. E). Bei der Absenkung wurde eine für Riffwachstum günstige bathymetrische Lage durchteuft, denn lokal (A 63) treten im unteren Ooser Plattenkalk Riffschuttbänke auf (vgl. Krebs 1962). Kalkturbidite im mittleren bis höheren Teil des Ooser Plattenkalkes (A 12; Meischner 1964, 1967) deuten eine weitere Absenkung während des Oberdevons an.

Mit erneuter Kalksedimentation über dem Wallersheimer Dolomit setzt wie beim Munter-Lei-Dolomit eine geringfügige aszendente Dolomitisierung der überlagernden Kalke durch den Kompaktionsstrom ein. Das Magnesium stammt aus Mg-reichen Porenlösungen der frühdiagenetischen Dolomite. Der durch den Kompaktionsstrom dolomitisierte Bereich beträgt weniger als 5 m und liegt damit erheblich unter den für paläozoische Riffe in Nordamerika angenommen Beträgen (> 100 m; Illing 1959, Jodry 1969).

3.1.2. *Munter-Lei-Dolomit*

Zur Zeit des Nollenbach-Horizontes (Freilingen-Schichten) setzte auf einer Schwelle in der südlichen Kalkmuldenzone (s. Abb. 1) ein verstärktes Wachstum von Korallen und Stromatoporen ein. Dieses Biostrom mag den Reliefunterschied zwischen der Schwelle und den umliegenden Becken etwas vergrößert haben (s. Abb. 46). Etwa an der Wende Nollenbach-/Ahbach-Zeit wurde das Biostrom in den „inter- und supratidal"-Bereich gehoben. Die Horizonte Hallert, Lahr und Müllert (Ahbach-Schichten) und der untere Wotan-Horizont (Loogh-Schichten) fehlen im Auftauchbereich oder treten kondensiert auf (zur Dolomitgenese notwendig, aber noch nicht fossilbelegt). In diesem Gebiet mit zeitweiser Überflutung kam es in den Trockenzeiten zu einer Mg-Anreicherung, die schließlich zur Dolomitbildung geführt hat (rezentes Beispiel:: Supratidal-Dolomite der Insel Andros, Bahamas — Shinn et al. 1965). Da die Dolomitisierung während einer langen Zeit erfolgt ist (Hallert- bis Wotan-Zeit), drang eine Dolomitfront bis zu 100 m in die Tiefe.

In der Wotan-Zeit wurde das dolomitisierte Biostrom unter den Meeresspiegel („subtidal") abgesenkt und von Kalksedimenten mit normalmariner Fauna bedeckt. Mit verstärkter Sedimentation machte sich nun der der Ablagerung entgegengerichtete Kompaktionsstrom bemerkbar, der aus dem noch nicht vollständig verfestigten Dolomit Mg-Lösungen in den überlagernden Kalk führt und diesen unterschiedlich stark (cm- bis m-Bereich) dolomitisierte. Daher ist auch die Obergrenze des Biostromdolomits geringfügig unregelmäßig. Die beim Schönecker Dolomit beschriebenen petrographischen Beobachtungen (s. S. 71) treten auch beim Munter-Lei-Dolomit auf,

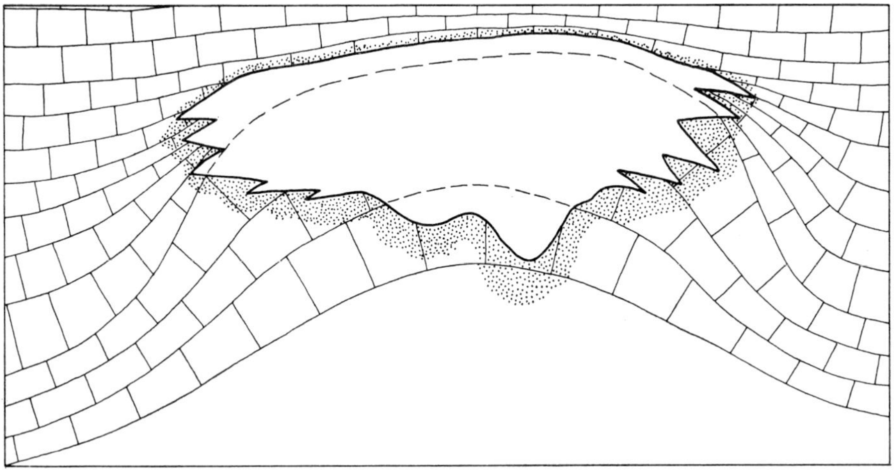

Abb. 46. Schematisches Profil durch den Munter-Lei-Dolomit (etwa EW). Abfolge: Nollenbach-Horizont (Freilingen-Schichten) bis Marmorwand-Horizont der Cürten-Schichten (ca. 200 m). Profillänge ca. 30 km. Weiß: geschlossenes Dolomitgefüge. Punktiert: offenes Dolomitgefüge. Zwischen den gestrichelten Linien liegt der dolomitisierte Biostromanteil des Nollenbach-Horizontes (nicht fossilbelegt). Die gezackte randliche Begrenzung ist schematisch zu verstehen: Sie soll die unterschiedliche Dolomitisierbarkeit von Kalkhorizonten andeuten; als Beispiel eines Randbereichs mag das dolomitisierte „Weinbergriff" NW Kerpen (A 6) gelten, dessen kalkige Überlagerungen nicht der sonst übliche Wotan-Horizont der Loogh-Schichten ist, sondern der stratigraphisch tiefere Hallert-Horizont der Ahbach-Schichten — vgl. Text.

Fig. 46. Schematic profile of the Munter-Lei-Dolomite (section nearly EW). White = dolomite (mainly biostrome); dotted = dolomitic limestone. Sequence: Nollenbach horizon (Freilingen beds) to Marmorwand horizon of the Cürten beds (nearly 200 m). Profile length about 30 km. Between the dotted lines is the dolomitized biostromal portion of the Nollenbach horizon showing increased thickness in the (dolomitized) biostrome facies. An example of the zig-zag border zone is the dolomitized "Weinberg reef" NW Kerpen (Loc. A 6).

nur ist die frühdiagenetisch dolomitisierte Hangendzone hier wesentlich geringer (bei A 1 etwa 0,5 m).

Die auf S. 13 erwähnten beiden Sonderpunkte im W-Teil der Hillesheimer Mulde mit einer Kalkbedeckung des Munter-Lei-Dolomits, die stratigraphisch unter dem Wotan-Horizont liegt, müßten durch ein Wandern des „Riff"-Wachstums von W nach E erklärt werden. Die Heraushebung und frühdiagenetische Dolomitisierung des Biostromes erfolgte östlich der beiden Vorkommen zu einem späteren Zeitpunkt. Anschließend drangen die Mg-Lösungen aufgrund unterschiedlicher Dolomitisierbarkeit nur im stärker durchlässigen Riffgestein beckenwärts nach W vor, während die überlagernden bereits verfestigten Kalke der Ahbach-Schichten geringfügig oder gar nicht dolomitisiert wurden.

Eine weitere Abweichung vom Normalprofil des Munter-Lei-Dolomits besteht in der NE-Ecke der Prümer Mulde (südlich Duppach). Schwenzer (1965) beschreibt vom Liegenden des Dolomits den Hallert-Horizont (untere Ahbach-Schichten) mit Invertrypa kelusiana (Struve) und Invertrypa fasciplicata Struve, wobei die letztere Form nach Struve (1961) für den Lahr-Horizont (mittlere Ahbach-Schichten) leitend ist. Demnach hat hier das Wachstum des Munter-Lei-Biostromes später als in der Hillesheimer Mulde eingesetzt.

Die paläontologisch begründeten Begrenzungen des Munter-Lei-Dolomits deuten im W-Teil seiner Verbreitung eine Verlagerung der Korallen-Stromatoporen-Fazies von NE nach SW an: In der westlichen Hillesheimer Mulde überlagern kalkige Ahbach-Schichten den

Dolomit, während im E-Teil der Prümer Mulde der Munter-Lei-Dolomit stratigraphisch höher liegt.

3.1.3. *Zur Diagenese der devonischen Dolomitkörper*

Zu den Randzonen der Dolomitkörper treten folgende Veränderungen ein: Kristallgrößen und Ca, Fe-Gehalt der Dolomite nehmen zu; die Fossilerhaltung wird schlechter; die Kalk-Dolomit-Grenzen sind unregelmäßig, besonders in der Liegendzone; im offenen Dolomitgefüge ist die Dolomitisierung z. T. jünger als der Zement B der Kalke; die Kalke neben „Dolomitzapfen“ zeigen überwiegend kein eingeschränktes Environment an (arten- und individuenreiche Fauna: Trilobiten, Brachiopoden, Crinoiden, tabulate und rugose Korallen, Stromatoporen). Die Mg-Lösungen haben zum Liegenden und zum Hangenden der Dolomitkörper stärker verfestigte Kalke angetroffen. Während die „inter- bis supratidal“-Bereiche frühdiagenetisch dolomitisiert worden sind, ist die Dolomitgenese zur Liegend- und zur Hangendgrenze in bezug zum Diagenesegrad der Kalke zunehmend später erfolgt (frühe Spätdiagenese).

Der obengenannte Mechanismus der Dolomitisierung läßt sich gut mit den beobachteten Karbonateinschlüssen in authigenen Quarzen verbinden, sofern die Quarzgenese zeitgleich oder zum jeweils gleichen Zeitpunkt nach Ablagerung einer Schicht erfolgt ist. Die Quarze der frühdiagenetischen Dolomitbereiche führen Dolomiteinschlüsse (Quarzgenese nach Dolomitisierung), während die später dolomitisierten Randzonen Calciteinschlüsse (mit erhöhtem Mg-Gehalt) in den Quarzen aufweisen (Quarzgenese vor Dolomitisierung). Vermutlich bildeten sich die devonischen Quarze vor Beendigung der Verfestigung (zwischen Früh- und Spätdiagenese).

3.1.4. *Fleckendolomite*

Da die Fleckendolomite besonders in Crinoidenspatkalken (Mg-Calcit-Skelette) beobachtet wurden, ist das Auftreten einzelner Dolomitrhomboeder als eine Folge der Instabilität von Mg-Calcit anzusehen. Als Zeitpunkt der Dolomitgenese ist die frühe Spätdiagenese anzunehmen, denn im unverfestigten Sediment hätten die Crinoidenfragmente ihr Mg wahrscheinlich an das noch mit dem Meerwasser in Verbindung stehende Porenwasser abgegeben, welches damals mindestens 50 Volumenprozent des Sediments ausgemacht haben dürfte, so daß sich das Magnesium darin verlor. Zudem verdrängt der Dolomit die Calcitzemente und cm-große Kristalle von Barytocölestin.

3.2. Permotriadische Dolomite

3.2.1. *Lierberg-Typ*

Mit der variskischen Faltung wurde die Eifel weit über den Meeresspiegel gehoben, und die permische Erosion schuf ein Gebirgsrelief mit den Muldenkerndolomiten als Höhenbildner. Die permischen Breccien (s. S. 14) deuten ein solches Relief an. Die massigen und tonarmen Muldenkerndolomite widerstanden stärker einer mechanischen Verwitterung als die plattigen und gebankten Kalke und Kalk-Mergel-Wechsellagerungen der angrenzenden Schichten. Vor den Dolomitfelsen bedeckten Schuttfächer die Kalkfolgen des Mittel- und des Oberdevon und die klastischen Schichten des Unterdevon (s. Abb. 47). Episodische Regenfälle unter aridem Klima lösten die devonischen Dolomite bevorzugt an, da Dolomit gegenüber meteorischen

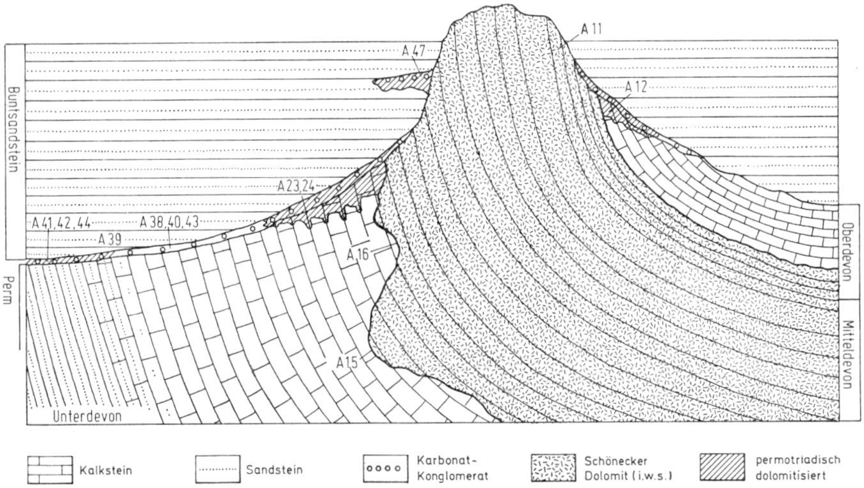

Abb. 47. Schematische Darstellung von Dolomit-Typen am Beispiel eines Muldenflügels aus der Eifel (stark überhöht; Profillänge ca. 1,5 km; mit typischen Aufschlüssen verschiedener Kalkmulden).

Fig. 47. Dolomite types in the Eifel (extremly exaggerated; profile length nearly 1,5 km; with typical outcrops of different limestone synclines). A 11 = Devonian biostromal dolomite, early — to late diagenetic, submarine; A 12, 23, 24 = Permian Lierberg dolomite, A 47 = Triassic Grieshäuel dolomite, both continental.

Wässern instabiler ist als Calcit. Die Oberflächenwässer transportierten die Mg-reichen Lösungen in die Senken. Es kam zu einer Dolomitisierung, die zuerst den Zement und die Kalkgerölle der permischen Breccien und Konglomerate (Abb. 6) und anschließend die unterlagernden devonischen Kalksteine ergriff. Die Dolomitfront drang entsprechend der Mg-Zufuhr und der Durchlässigkeit in den Devonschichten unterschiedlich weit in die Tiefe. Die Umwandlung vollzog sich nur, wenn im Einzugsgebiet devonische Dolomite entstanden. Detritischer Dolomit begünstigt eine erneute Dolomitisierung, da die Keimbildungsarbeit entfällt (Lindholm 1969, Richter 1972).

3.2.2. *Grieshäuel-Typ*

Im Buntsandstein wurde die Eifel wieder abgesenkt, und Sandfolgen füllten die Täler auf (s. S. 7). Arides Klima mit episodischen Regenfällen hat in der Nähe von Dolomitklippen die gleichen Bedingungen wie beim Lierberg-Typ geschaffen. So entstand in den Sandsteinen innerhalb der Reichweite von Mg-reichen Lösungen Dolomit-„Zement“ (wahrscheinlich dolomitisierter Calcitzement).

Lokal auftretende hydrothermale Dolomitisierung bleibt fraglich (s. S. 68). Jedoch werden entsprechende Bildungen aus dem Mechernicher Buntsandstein (N des Arbeitsgebietes) beschrieben (s. S. 16).

4. Ergebnisse

An Biostrome gebundene devonische Dolomitkörper (a — an der Grenze Eifelium/Givetium, b — an der Grenze Givetium/Frasnium) führen in einer frühdiagenetischen Hangend-Zone (artenarmes und individuenreiches Environment, Algen, gute Strukturerhaltung, relativ kleine Dolomitkristalle) Ca_{48-52}-Dolomite mit Dolomiteinschlüssen in authigenen Quarzen. Zum Liegenden folgen gröber kristalline Ca_{48-52}-Dolomite der frühen Spätdiagenese mit Calciteinschlüssen im Quarz und schließlich Ca_{50-54}-Dolomite an der unteren Randzone. Danach hat der Kompaktionsstrom eine geringfügige Zone im Hangenden der Dolomitkörper dolomitisiert (Ca_{51-56}-Dolomite).

In crinoidenreichen Schichten kann vereinzelt ein Ca, Fe-Dolomit auftreten, der während der frühen Spätdiagenese aufgrund der Instabilität von Mg-Calcit entstanden ist.

Im Perm und in der unteren Trias (arides Klima mit episodischen Regenfällen) wurden vor den Bergrücken prävariskischer Dolomite (Mg-Lieferant) lokal devonische Kalke dolomitisiert (Ca_{50-57}-Dolomite). Beweise: a) randlich dolomitisierte Devonkalk-Gerölle in einem permischen Konglomerat, b) „Dolomitzement" in Konglomeraten und Breccien des Perm und des Buntsandstein neben nichtdolomitisierten Karbonatkonglomeraten, c) permisches Dolomitkonglomerat auf schräggestellten Devonkalken, die oberflächennah dolomitisiert sind.

Röntgenographisch können Mg- und Ca-Dolomite mit einer Variationsbreite von Ca_{48} bis Ca_{57} nachgewiesen werden, wobei sich der Ordnungsgrad [I (015) / I (110)] nicht linear verändert, sondern in Richtung Calcit asymptotisch kleiner wird.

Der Dolomitchemismus ändert sich mit dem Kristallwachstum von einem Ca(,Fe)-Dolomit zu einem mehr stöchiometrischen Dolomit. Dieser Wechsel stimmt in den Randbereichen der devonischen Dolomitkörper mit der mikroskopisch sichtbaren Veränderung von einschlußreichen Kristallkernen zu einschlußarmen Säumen überein, wobei der einschlußreiche Bereich ein schnelleres Kristallwachstum anzeigt. Das relativ hohe Kern/Kristall-Verhältnis der Dolomite in den Liegendzonen deutet gegenüber den Dolomiten in den Hangendzonen ein etwas schnelleres Wachstum der Kristalle an. Bei den permotriadischen Dolomiten können Einschlußgehalt und Chemismus im selben Kristall mehrfach wechseln.

Der Strontium-Gehalt der Karbonate vermindert sich mit zunehmender Dolomitisierung und wurde vermutlich ans Meerwasser und Porenwasser (devonische Dolomitisierung) bzw. an Oberflächenwässer (permotriadische Dolomitisierung) abgegeben.

Der FeO-Gehalt der Dolomite nimmt von frühdiagenetisch umgewandelten Bereichen der devonischen Dolomitkörper zu den Randzonen zu. Die höchsten FeO-Gehalte wurden in permotriadischen Dolomiten bestimmt.

Die Protodolomite werden bevorzugt (nicht ausschließlich) calcitisiert, wobei mikrokristalline und makrokristalline Calcitisierung beobachtet werden kann. Das Auftreten des instabilen Mg-Calcits in den Dolomiten weist auf eine junge Calcitisierung und Calcitzementation hin.

In den devonischen Karbonaten weitverbreitete authigene Quarze lassen sich aufgrund ihres Habitus unabhängig von der Dolomitisierung typisieren. Dabei ist der Habitus vom Keim und von der Wachstumsgeschwindigkeit abhängig. Kleine ($\sim$ 10 μ lange), langprismatische devonische Quarze benutzten submikroskopische Keime („wildes Wachstum"), während bei den großen (bis 300 μ Länge), kurzprismatischen Kristallen detritische Quarze weiterwuchsen. Habitusvergleiche zwischen diagenetisch und hydrothermal gebildeten Quarzen (ohne Zonarbau) deuten ein schnelleres Wachstum (bevorzugtes Längenwachstum) unter erhöhten Temperaturbedingungen (evtl. in Verbindung mit stärkerer SiO_2-Zufuhr) an.

5. Aufschlüsse mit Kurzkommentar

Sö = Sötenicher Mulde, Bl = Blankenheimer Mulde, Ro = Rohrer Mulde, Do = Dollendorfer Mulde, Ah = Ahrdorfer Mulde, Hi = Hillesheimer Mulde, Pr = Prümer Mulde, Ge = Gerolsteiner Mulde, Sa = Salmerwald Mulde. MTB = Meßtischblatt, r = Rechtswert, h = Hochwert, A = Aufschluß. Die Literaturhinweise geben die für den Aufschluß wichtigen Arbeiten an. Bei den Breccien und Konglomeraten des Perm und des Buntsandstein sind besonders die Erstautoren berücksichtigt worden.

Die aufgeführten Lokalitäten stellen nur eine Auswahl dar. Untersuchungsergebnisse und Beobachtungen beruhen auf etwa 200 Aufschlüssen.

Devonische Dolomite

Munter-Lei-Dolomit

A 1: Mühlen-Berg-Südhang NE Niederehe (Hi; MTB Dollendorf; r 54 020 h 75 550 bis r 54 460 h 75 560; Struve 1952 b, 1955; vgl. A 51 u. A 58). Z. T. durch Schutt verdecktes Profil durch den Munter-Lei-Dolomit (ca. 50 m mächtig); am Top geringmächtige (ca. 0,5 m) frühdiagenetische Dolomitschicht; Überlagerung: Biokalkarenite des obersten Wotan-Horizontes (untere Loogh-Schichten; Grenze aufgeschlossen), z. T. durch den Kompaktionsstrom dolomitisiert; calcitzementierte Lösungsporen im Grenzbereich; Unterlagerung: fossilreiche Kalkmergel des Grenzbereiches Rommersheimer-Fleringer-Schichten (hier Freilingen-Schichten; Grenze nicht aufgeschlossen).

A 2: Hönselberg (Hi; MTB Dollendorf; r 53 260 h 74 260; Struve 1955). An den Klippen im Wald massige Stromatoporenriffstruktur des zentralen Munter-Lei-Dolomits.

A 3: Anrisse SE der Straße von Kerpen nach Nollenbach am Steine-Berg (Hi; MTB Dollendorf; r 52 220 h 76 390; Struve 1955). Biokalkrudit (Crinoiden, Korallen, Stromatoporen) der höheren Rommersheimer Schichten (hier Freilingen-Schichten); devonische, calcitisierte Dolomitkristalle (ca. 40 μ ∅) werden von calcitgefüllten Fiederspalten durchschlagen.

A 4: Steinbruch Weinberg NW Kerpen (Hi; MTB Dollendorf; um r 50 960 h 75 640; Fuchs 1965; vgl. A 52 u. A 57). Profil durch die randliche Ausbildung des Munter-Lei-Dolomits (sehr gut aufgeschlossen, 40—50 m mächtig); Überlagerung: Hallert-Horizont (?) der unteren Ahbach-Schichten, basal durch den Kompaktionsstrom dolomitisiert; Unterlagerung: Crinoidenspatkalke des mittleren Nollenbach-Horizontes der Freilingen-Schichten; faziell geht der Dolomit in ruditische Crinoidenspatkalke über (Grenze nicht aufgeschlossen); der Hangendbereich des Dolomits ist weitgehend calcitisiert.

A 5: Felsen bei der Ruine Hartelstein ENE Schwirzheim (Pr; MTB Gerolstein; r 38 000 h 66 650; Schwenzer 1965). NW-Rand des Munter-Lei-Dolomits (bei Happel & Reuling 1937 und Schwenzer 1965 „Schwirzheimer Dolomit“); z. T. massige Stromatoporen-Riffstruktur.

A 6: Graben ca. 300 m E des Dickelsberges (Pr; MTB Gerolstein; r 38 910 h 67 060; Schwenzer 1965). Kalkrudite und Crinoidenspatkalke des Wotan-Horizontes (untere Loogh-Schichten) sind durch den Kompaktionsstrom vom Munter-Lei-Dolomit aus teildolomitisiert worden; calcitzementierte Lösungsporen (schlecht aufgeschlossen).

A 7: Steinbruch Frankenstein (wird verbaut) E Gerolstein (Ge; MTB Hillesheim; r 48 080 h 65 280; Winter 1965; vgl. A 54). Hangendgrenze des Munter-Lei-Dolomits im Wotan-Horizont; die unregelmäßige Dolomit-Obergrenze beruht auf dem Kompaktionsstrom; zonare Dolomit-Kristalle mit bevorzugtem Flächenwachstum; durch die Dolomitisierung bedingte, später calcitzementierte Lösungsporen mit angelösten Dolomitkristallen.

A 8: Felswände S und W der Munter-Lei N Gerolstein (Ge; MTB Gerolstein; r 46 600 h 66 020 bis r 47 100 h 65 890; KRÖMMELBEIN 1957). Massiger Dolomit mit Stromatoporen, Korallen und Crinoiden; Hangend- und Liegendgrenze des Munter-Lei-Dolomits (bei KRÖMMELBEIN „Auburg-Dolomit“) nicht aufgeschlossen.

Schönecker Dolomit (i. w. S.)

A 9: Steinbruch N Schönecken (Pr; MTB Schönecken-Wetteldorf; r 33 180 h 58 940; HAPPEL & REULING 1936, 1937). Dickbankige bis massige Stromatoporen-Korallen-Dolomite; an der Geländeoberfläche tiefe Verwitterungstaschen mit verlehmter, calcithaltiger „Dolomitasche“.

A 10: Steinbrüche um den Bahnhof Büdesheim (Pr; MTB Gerolstein; um r 39 100 h 65 730; HAPPEL & REULING 1936, 1937). Wie A 9.

A 11: Steinbruch Operich WNW Büdesheim (Pr; MTB Gerolstein; r 38 900 h 64 820 bis r 39 250 h 64 850; STRUVE 1964; vgl. A 59). Das aufgeschlossene Profil umfaßt den höheren Schönecker Dolomit (i. e. S.), den Wallersheimer Dolomit und die unteren, hier permotriadisch dolomitisierten Partien des Ooser Plattenkalkes. Stromatoporen-Biostrome (Korallen untergeordnet) wechsellagern mit plattigen, z. T. mergeligen, fossilärmeren Dolomiten; markant: a) das liegende Stromatoporen-Biostrom des Wallersheimer Dolomits, b) das jüngste Stromatoporen-Biostrom der Eifel im Wallersheimer Dolomit, NW des Wohnhauses. Der Wall. Dolomit ist dünnplattiger, ton-, glimmer- und kalifeldspathaltiger als der darunterliegende Schönecker Dolomit und weist die bessere Fossilerhaltung auf; der frühdiagenetische Wall. Dolomit ist individuenreich und artenarm; Gastropoden, Brachiopoden, mm-Rhythmite, Resedimente, Algenumkrustungen und Lebensspuren (sehr gut aufgeschlossen).

A 12: Weganriß am Ammelsbüsch-Südhang N Oos (Pr; MTB Gerolstein; r 41 200 h 67 940 bis r 41 560 h 67 990; vgl. KREBS 1962, STRUVE 1964). Das z. T. verschüttete Profil umfaßt überwiegend steilgestellte Schichten des Wallersheimer Dolomits (im Liegenden ein Stromatoporen-Biostrom mit authigenen Quarzen und Kalifeldspäten) und des Ooser Plattenkalkes. Bis auf den oberen Teil des aufgeschlossenen Ooser Plattenkalkes (Kalkturbidite) sind die Schichten vollständig dolomitisiert und reich an Lebensspuren. Der Übergang vom Wall. Dolomit zu der Dolomit-Dolomitmergel-Wechsellagerung der Ooser Plattenkalke fällt mit einer Veränderung von stöchiometrischen zu Ca-haltigen Dolomiten zusammen. Im hangenden Profilteil kann eine bevorzugte Dolomitisierung der Mergellagen vor den karbonatreichen Bänken und ein von der Tiefe zur Geländeoberfläche zunehmender Dolomitgehalt beobachtet werden. In den Kalkturbiditen: Dolomitkristalle z. T. an Stylolithen gebunden; faltungsbezogene, calcitzementierte Klüfte sind teildolomitisiert. Im Wallersheimer Dolomit: ein postdolomitischer Zement B (B_2) ist überwiegend wiederum dolomitisiert worden (Fe-Dolomit). Im Aufschluß sind die Schichten des Grenzbereichs zwischen dem frühdiagenetischen Wall. Dolomit und dem Ooser Plattenkalk von einer permotriadischen Dolomitisierung überprägt.

A 13: Siehe A 63: Grenze zwischen Wallersheimer Dolomit und Ooser Plattenkalk (also Obergrenze des Schönecker Dolomits [i. w. S.]).

A 14: Tropfsteinhöhle Buchenloch (Ge; MTB Gerolstein; r 47 110 h 66 380). N des Eingangs hat die Verwitterung die organogenen Strukturen eines massigen Stromatoporenbiostroms im Schönecker Dolomit herauspräpariert.

A 15: Bahneinschnitt SW Kerpen (Hi; MTB Dollendorf; um r 51 550 h 74 290; Cürten-Profil nach STRUVE 1955. Das Profil reicht von den Cürten- bis zu den Rodert-Schichten. Untergrenze des Schönecker Dolomits im Binz-Horizont der unteren Dreimühlen-Schichten. Verkieselte Korallen im höheren Teil der Rodert-Schichten schließen Calcit und Spuren von Dolomit ein. Dies ist die stratigraphisch tiefste Lage mit Dolomiteinschlüssen in Verkieselungen des Schönecker Dolomits. Die gleichen Schichten sind ungefähr 2 km weiter nordöstlich überwiegend nicht dolomitisiert (Spuren permotriadischer Dolomitisierung jedoch vorhanden).

A 16: Bahneinschnitt zwischen Niederehe und Kerpen (Hi; MTB Dollendorf; r 53 080 h 75 550; STRUVE 1955; vgl. A 55). Untergrenze des Schönecker Dolomits über den Kerpen-Schichten; stratigraphisch höchste Lage der Basis des Muldenkerndolomits in der Eifel.

A 17: Steinbrüche NW Ahrhütte (Do; MTB Dollendorf; L. KUCKELKORN & VORSTER 1926).
a) r 51 730 h 84 250 (besser als b)
b) r 51 200 h 84 470
Unregelmäßige Untergrenze des Schönecker Dolomits in givetischen Kalken; Dolomitisierung z. T. von den Schichtgrenzen in die Kalkbänke vorgreifend; mächtige Zone des offenen Dolomitgefüges; Matrix wird vor den Fossilien dolomitisiert.

A 18: Aufgelassener Steinbruch N der Straße von Dollendorf nach Ripsdorf (Do; MTB Dollendorf; r 48 590 h 83 260; L. KUCKELKORN & VORSTER 1926; vgl. A 56). „Dolomitzapfen" im Liegenden des Schönecker Dolomits; die Ca-Dolomite sind häufig calcitisiert (schokoladenbraune Partien).

A 19: Weganriß W des Wachendorfer Berges (Sö; MTB Münstereifel; r 52 110 h 04 860; NOWAK 1956). Untergrenze des Muldenkerndolomits zwischen Junkerberg- und Freilingen-Schichten; eine stratigraphisch sehr tief gelegene Basisgrenze des Schönecker Dolomits (lokal scheint der Schönecker Dolomit in der Sötenicher Mulde noch ältere Schichten zu erfassen; die Lokalitäten sind jedoch auf eine oberflächennahe Vergrößerung des Muldenkerndolomits durch eine permotriadische Dolomitisierung zu untersuchen); die Schichten des Muldenkerndolomits der NE-Hälfte der Sötenicher Mulde können besser in den Steinbrüchen N und S der Straße von Iversheim nach Wachendorf bei A 60 studiert werden.

Fleckendolomite

A 20: Antoniusbusch-Profil N Rohr (Ro; MTB Aremberg; r 52 070 h 91 470; GLINSKI 1961). Chlorit und einzelne Fe-Dolomitkristalle im crinoidenreichen Biokalkarenit des Hundsdell-Horizontes der oberen Nohn-Schichten.

A 21: Straßenanriß SE der Straße von Ahrhütte nach Nohn (Ah; MTB Dollendorf; r 56 200 h 81 660; HOTZ 1955). Cölestin, Chlorit, Fe-Dolomit und authigene Quarze im crinoidenreichen Biokalkarenit der Heisdorf-Schichten.

Permotriadische Dolomite

A 22: Lierberg-Profil N Sötenich (Sö; MTB Mechernich; r 39 400 h 99 340 bis r 39 640 h 99 160; W. E. SCHMIDT 1935, PAULUS 1961). Während die Ahrdorf-Schichten am Mundloch des Beuststollens noch in kalkiger Erhaltung vorliegen, sind sie ca. 10 m darüber wie die nach NW folgenden stratigraphisch älteren Schichten dolomitisiert worden. Der Beuststollen durchfährt nach W. E. SCHMIDT auch dann kalkiges Mitteldevon, wenn die gleichen Schichten an der Geländeoberfläche dolomitisiert vorliegen. Oberhalb des Ehrenmales (s. A 41) liegt ein permisches Dolomitkonglomerat diskordant über den Devon-Schichten und wird wiederum von mürben konglomeratischen, karbonatfreien Sandsteinen des Mittlteren Buntsandstein überlagert (Grenzen nicht aufgeschlossen).

A 23: Steinbruch am Wachtberg SE Sötenich (Sö; MTB Mechernich; r 40 230 h 98 700; PAULUS 1961). Dolomitisierte Störungszone in den Spickberg-Schichten (etwa Dreimühlen-Schichten).

A 24: Steinbruch S Sötenich, S der Urft (Sö; MTB Mechernich; r 39 770 h 98 130; PAULUS 1961). Schichtparallel dolomitisierte Lagen des höheren Scheid-Horizontes (obere

Cürten-Schichten); die Dolomitisierung nimmt in dieser Zone von der Sohle bis zum Top des Steinbruchs zu.

A 25: Profil am Eulenkopf SW Vollem (Sö; MTB Mechernich; r 45 600 h 01 570; STRUVE 1964). Dolomitisierte Kalke und Kalksandsteine (viel Chlorit) des Eulenkopf-Horizontes (untere Nohn-Schichten); Dolomitkristalle in calcitzementierten Fiederspalten Ca- und Fe^{2+}-reich (d[104]-Wert 2, 904 Å; 1, 1 Gew.-% FeO).

A 26: An Stylolithen gebundene Dolomitkristalle siehe A 61.

A 27: Aufgelassener Steinbruch am ehemaligen Kalkofen E Baasem (Bl; MTB Stadtkyll; r 36 000 h 82 230; OCHS & WOLFART 1961). Ungleichmäßige Dolomitisierung in Kalken des Pierensberg-Horizontes (etwa Ahbach-Schichten); Matrix wird vor den Fossilen umgewandelt.

A 28: Aufgelassener Steinbruch NW Blankenheimerdorf (Bl; MTB Blankenheim (Ahr); r 43 700 h 90 080; OCHS & WOLFART 1961). Ca, Fe-Dolomite der Heisdorf-Schichten (bis über 4 Gew.-% Fe0); weitgehend calcitisiert.

A 29: Bahneinschnitt SW der Nohner Mühle (Hi; MTB Dollendorf; r 54 830 h 76 580 bis r 55 330 h 76 380; STRUVE 1955; vgl. A 50). Profil von den oberen Junkerberg-Schichten bis zum Wotan-Horizont der unteren Loogh-Schichten; geringfügig dolomitisierte (Fe-Dol.) Biokalkarenite (auch calcitgefüllte Fiederspalten) der Freilingen-Schichten.

A 30: SW der Geeser Trilobitenfelder (Ge; MTB Hillesheim; r 48 950 h 64 750; REULING 1931). Einzelne Partien der Ahrdorf-Schichten führen reichlich Ca-Dolomit; weiter südlich Überlagerung durch Buntsandstein.

A 31: SW des Feldweges von Lissingen zum Wöllers-Berg (Ge; MTB Gerolstein; r 44 830 h 65 120; REULING 1931). Dolomitisierte Nohn-Schichten im Straßengraben; ca. 100 m weiter nach NW Überlagerung durch Buntsandstein (Grenze nicht aufgeschlossen), der von vulkanischen Gesteinen des Wöllers-Berges bedeckt wird.

A 32: Steinbruch Plein am Zusammenfluß von Braune- und Remelbach, E Alles-Berg (Sa; MTB Mürlenbach; r 45 810 h 57 560; KRÖMMELBEIN 1955). Wetteldorfer- und Heisdorfer Schichten; die Dolomitisierung hat nicht nur eine Bank erfaßt, wie es KRÖMMELBEIN beschreibt, sondern auf alle aufgeschlossenen Schichten eingewirkt (Dolomite, Dolomitsandsteine, Dolomitmergel).

A 33: Profil am Ammelsbüsch siehe A 12.

A 34: Ödland SE Büdesheim (Pr; MTB Gerolstein; r 40 880 h 64 350; CLAUSEN 1968). Dolomitisierte Büdesheimer Goniatitenschiefer; Ca, Fe-Dolomite.

A 35: Wetteldorfer Steinbrüche (Pr; MTB Schönecken-Wetteldorf; r 33 780 h 57 100 und r 34 040 h 57 150; HAPPEL & REULING 1937, STRUVE 1964), Kalksandsteine, Brachiopodenschillkalke und Pseudoolithe sind besonders im erstgenannten Steinbruch dolomitisiert worden; gute Fossilerhaltung.

Permotriadische Dolomite gibt es ebenso in der Neuensteiner und in der Olkenbacher Mulde. Die Aufschlüsse A 39, A 41, A 42, A 44, A 45, A 47, A 48 und A 49 führen permotriadische neben devonischen Dolomiten. Bei A 39 gibt es z. B. permotriadisch teildolomitisierte Devonkalkgerölle und devonische Dolomitgerölle; der „Dolomitzement" der Breccien ist permotriadisch.

Quartäre Tuffite

A 36: Tuffgrube Kasselburger Hahn E der Straße von Pelm nach Bewingen (Ge; MTB Hillesheim; r 48 090 h 67 340; RAHM 1956). In den Lockermassen des Hahn-Vulkans gefrittete devonische Sandstein-, Kalk- und vorwiegend Dolomitfragmente; Dolomit in Wurfschlacken häufig, randlich calcitisiert, im Inneren in Aragonit umgewandelt.

A 37: Steinbruch „Am Lier" S Hillesheim (Hi; MTB Hillesheim; r 48 000 h 72 180; RAHM 1956). Tuffite mit gefritteten devonischen Kalk- und Dolomitbrocken über einer grobsäuligen Basaltdecke des Vulkans der Kyller Höhe.

Permische Konglomerate bzw. Breccien

A 38: Straßbüsch (MTB Mechernich; r 37 190 h 98 500; v. Dechen 1866, Blanckenhorn 1885). Kalk- und Dolomitkomponenten; Calcitzement.

A 39: Ober-Golbach (MTB Mechernich; r 36 560 h 98 780; Krause 1917). Kalk- und Dolomitkomponenten; Kalkgerölle randlich dolomitisiert; Calcitzement z. T. sicher durch Calcitisierung von „Dolomitzement").

A 40: Sötenich NW (MTB Mechernich; r 38 940 h 99 500; v. Dechen 1866 ?). Kalk- und Dolomitkomponenten; Calcitzement.

A 41: Sötenich N (MTB Mechernich; r 39 450 h 99 370; neu) Dolomitkomponenten; Dolomit-„Zement" (z. T. calcitisiert).

A 42: Rißdorf (MTB Münstereifel; Elberskirch 1937, Wo. Schmidt & E. Schröder 1961 — Karte). Dolomitkomponenten und -„zement".

a) Rißdorf N (r 51 060 h 06 800)
b) Rißdorf S (r 50 800 h 06 250)
c) Weiler (r 50 050 h 05 500)

A 43: Dahlem S (Neuhaus; MTB Stadtkyll; v. Dechen 1866, Krause 1922)

a) Fuchskaul (r 37 900 h 81 840); Kalkkomponenten; Dolomit- und dolomithaltige Komponenten unter 1 % der Breccie; Calcitzement.
b) Neuhaus SE (r 38 250 h 81 770); Kalk- und Dolomitkomponenten; Calcitzement.
c) Neuhaus N (r 38 370 h 82 200); Kalk- und Dolomitkomponenten; Calzitzement.

A 44: Dahlem E (Heiden-Kopf II; MTB Stadtkyll; r 39 540 h 83 040; L. Kuckelkorn 1925). Dolomitkomponenten und -„zement".

A 45: Bausendorf (MTB Hasborn und MTB Alf; r 71 680 h 42 580; Solle 1937). Dolomitkomponenten und -„zement"; relativ viele nichtkarbonatische Gerölle (s. a. A 62).

A 46: Trollmühle / Burg-Berg (MTB Bingen; r 19 740 h 33 260; W. Wagner & Michels 1930). Kalkkomponenten und Calcitzement.

Karbonatkonglomerate bzw. -breccien im Buntsandstein

A 47: Grieshäuel (westlich Ripsdorf; MTB Stadtkyll; r 44 880 h 82 450; L. Kuckelkorn 1925, Wilckens 1929). Dolomitkomponenten und -„zement"; der Zement kann herausgelöst oder calcitisiert sein.

A 48: Lissendorf (MTB Stadtkyll; r 42 880 h 75 850; v. Dechen (Karte) 1884, Krause 1922, L. Kuckelkorn 1925, Wilckens 1929). Dolomitkomponenten und „-zement"; Gerölle z. T. hohl durch Dedolomitisierung; war bei Straßenbauarbeiten aufgeschlossen.

A 49: Mäuerchen-Berg (MTB Stadtkyll; r 43 880 h 78 180; Wilckens 1929). Dolomitkomponenten und -„zement"; Gerölle z. T. hohl durch Dedolomitisierung; weniger gut aufgeschlossen.

Authigene Quarze und Kalifeldspäte

A 50: Bahneinschnitt SW Nohner Mühle (MTB Dollendorf;r 55 700 h 76 400; Struve 1955; vgl. A 29). Devonischer Quarztyp A (A_1) in den oberen Junkerberg-Schichten (= untere Rudersbach-Folge nach Struve 1961).

A 51: SE — Hang des Mühlen-Bergs NE Niederehe (MTB Dollendorf; r 54 360 h 75 550; Struve 1995). Devonischer Quarztyp A (A_2) im unteren Munter-Lei-Dolomit; schlecht aufgeschlossen.

A 52: Steinbruch am Wein-Berg (E-Teil) NW Kerpen (MTB Dollendorf; r 52 030 h 75 650; Fuchs 1965; vgl. A 4 u. A 57). Devonischer Quarztyp B (B_1) im oberen Nollenbach-Horizont (obere Freilingen-Schichten).

A 53: Direkt SE der höchsten Erhebung des Mühlen-Bergs NE Niederehe (MTB Dollendorf; r 54 180 h 75 580; STRUVE 1952 b, 1955). Devonischer Quarztyp B (B_2) im Munter-Lei-Dolomit.

A 54: Steinbruch Frankenstein (aufgelassen) E Gerolstein (MTB Hillesheim; r 48 080 h 65 280; WINTER 1965; vgl. A 7). Devonischer Quarztyp C (C_1) im kalkig erhaltenenen Hangendbereich des Wotan-Horizontes (untere Loogh-Schichten).

A 55: Bahneinschnitt zwischen Niederehe und Kerpen (MTB Dollendorf; r 53 080 h 75 550; STRUVE 1955; vgl. A 16). Devonischer Quarztyp C (C_2) im unteren Schönecker Dolomit (hier untere Bolsdorf-Schichten); Quarze reich an Calciteinschlüssen.

A 56: Aufgelassener Steinbruch N der Straße von Dollendorf nach Ripsdorf (MTB Dollendorf; r 48 590 h 83 260; L. KUCKELKORN 1925; vgl. A 18).
a) Devonischer Quarztyp D (D_1) und authigene Kalifeldspäte in einer Kalkbank direkt unter einer grünlichen Bentonit-ähnlichen Lage (Givetium); Quarze mit Calciteinschlüssen.
b) Devonischer Quarztyp D (D_2) im Dolomit der „Liegend-zapfen" vom Schönecker Dolomit.

A 57: Steinbruch am Wein-Berg (SW-Teil) NW Kerpen (MTB Dollendorf; r 50 940 h 75 580; FUCHS 1965; vgl. A 4 u. A 52).
a) Devonischer Quarztyp E (E_1) im obersten calcitisierten Bereich des dolomitisierten oberen Nollenbach-Horizontes (obere Freilingen-Schichten); viel Kaolinit.
b) Devonischer Quarztyp E (E_2) im Dolomit des oberen Nollenbach-Horizontes.

A 58: SW-Ende des Mühlen-Bergs NE Niederehe; aufgelassener kleiner Steinbruch am ehemaligen Kalkofen (MTB Dollendorf; r 54 020 h 75 550; STRUVE 1952 b; vgl. A 1). Devonischer Quarztyp F (F_1) in einer Favosites-Knolle des obersten Wotan-Horizontes (untere Loogh-Schichten).

A 59: Steinbruch Operich WNW Büdesheim (MTB Gerolstein; r 39 000 h 64 800; STRUVE 1964; vgl. A 11). Devonischer Quarztyp F (F_2) und authigene Kalifeldspäte in Stromatoporen-Knollen des unteren Biostroms des Wallersheimer Dolomits; Quarze mit Dolomiteinschlüssen; die authigenen Minerale kommen im gesamten Steinbruchbereich vor, wobei die Quarze z. T. anderen Typen zuzuordnen sind.

A 60: Aufgelassener Gemeindesteinbruch W Iversheim, N der Straße nach Wachendorf (MTB Münstereifel; r 54 130 h 05 650; NOWAK 1956). Devonische authigene Quarze (Iversheimer Quarze) mit Calciteinschlüssen im unteren Dolomit des Iversheimer Dolomits (Grenzbereich Freilingen-Fleringen-Schichten); im Dolomit über der sandigen Zwischenschicht ebenfalls authigene Quarze.

A 61: Aufgelassener Steinbruch S Nettersheim, W des Urft-Tales (MTB Blankenheim [Ahr]; r 44 540 h 94 740; PAULUS 1959, 1961 a u. b). Stylolithen im Stromatoporenkalk des Schellgesberg-Horizontes (untere Nohner Schichten) mit Dolomitkristallen (jünger) und authigenen Quarzen (älter, da z. T. von Dolomit verdrängt).

A 62: Bausendorf (s. A 45). Authigene Quarze (Bausendorfer Quarze) mit Calcit- und Dolomiteinschlüssen und Calcitskalenoeder im mulmigen Rückstand hohler Dolomitgerölle.

A 63: Straßenanriß an der B 410 zwischen Büdesheim und Gerolstein ca. 1 km E Büdesheim (MTB Gerolstein; r 40 920 h 64 670; vgl. KREBS 1962, STRUVE 1964). Übergang vom Wallersheimer Dolomit zum Ooser Plattenkalk, in dessen Liegendbereich eine Riffschuttbank eingelagert ist; im gestörten und steil überkippten Dolomit fluorithaltige Partien; lokal eine Fluorit-Quarz-Dolomit-Fe-Dolomit-Pyrit-Linse (hydrothermal); weniger gut aufgeschlossen.

A 64: Steinbruch W Dornap (MTB Wuppertal-Elberfeld; r 73 860 h 80 320; BEHR 1915, UDLUFT 1929, GOTTHARDT 1962). An hydrothermale Dolomitgänge im Massenkalk gebundene authigene graue Quarze mit Calciteinschlüssen.

A 65: Steinbruch SW Fretter (MTB Altenhundem; r 33 460 h 73 080). Im hydrothermal dolomitisierten Massenkalk sind in einer kalkig erhaltenen Partie langprismatische Quarze mit Calciteinschlüssen gesproßt.

A 66: Weganriß an einem Feldweg NE der Straße von Iversheim nach Wachendorf (MTB Münstereifel; r 53 380 h 05 730; NOWAK 1956). Devonischer Quarztyp G (G_1) in einer kalkigen Stromatoporenknolle der Junkerberg-Schichten. Die Knolle wird von feinen, kalkschlamm-gefüllten Spalten durchsetzt.

A 67: Weganriß S Eschweiler (MTB Münstereifel; r 52 770 h 03 970; NOWAK 1956). Devonischer Quarztyp G (G_2) in einer dolomitisierten Stromatoporenknolle der Nohn-Schichten.

6. Anhang

Zusammenstellung der in den Abbildungen 22, 23, 24, 25, 30, 31, 32, 34 und 39 verwendeten Werte. Die Proben Nr. 124 und 125 sind Ankerit-Kristalle aus der Sammlung des Mineralogischen Instituts der TU Hannover (dankenswerterweise von Dr. E. G. SCHULZE als Vergleichsproben zu den Dolomiten überlassen).

Abkürzungen:

Ahb	=	Ahbach-Schichten	Mu	=	Munter-Lei-Dolomit
Ahr	=	Ahrdorf-Schichten	No	=	Nohn-Schichten
Bl	=	Blankenheimer Mulde	Oo	=	Ooser Plattenkalk
Bü	=	Büdesheimer Schiefer	Pr	=	Prümer Mulde
Cü	=	Cürten-Schichten	Sa	=	Salmerwald Mulde
Do	=	Dollendorfer Mulde	Sch	=	Schönecker Dolomit
Dr	=	Dreimühlen-Schichten	Sö	=	Sötenicher Mulde
Fr	=	Freilingen-Schichten	Wa	=	Wallersheimer Dolomit
Ge	=	Gerolsteiner Mulde	BH	=	Biostromdolomit-Hangendbereich
He	=	Heisdorf-Schichten	BZ	=	Biostromdolomit-Zentralbereich
Hi	=	Hillesheimer Mulde	BL	=	Biostromdolomit-Liegendbereich
			P	=	Permotriadischer Dolomit

A	Probennummer	1	2	3	4	5	6	7	8
B	Schicht	Mu	Sch	Mu	Mu	Wa	Mu	Sch	Sch
C	Eifelkalkmulde	Hi	Hi	Hi	Hi	Pr	Pr	Do	Pr
D	Meßtischblatt	5 606	5 606	5 606	5 606	5 705	5 705	5 605	5 705
E	Hochwert	74 260	75 580	74 260	77 860	64 800	66 650	81 900	68 050
F	Rechtswert	53 260	53 000	53 260	54 000	39 000	38 000	44 450	41 720
G	Aufschluß	A 2	A 16	A 2		A 11	A 5		
H	Dolomittyp	BZ	BZ	BZ	BZ	BZ	BZ	BZ	BZ
I	Dolomitgefüge o = offen, c = geschlossen	c	c	c	c	c	c	c	c
J	$d_{(104)}$-Wert (Å) von Dolomit	2,883	2,883	2,883	2,884	2,884	2,884	2,885	2,885
K	Asymmetriequotient	0,76	0,69	0,78	0,68	0,79	0,72	0,82	0,79
L	Ordnungsgrad $\frac{I.\,(015)}{I.\,(110)}$	1,15	1,10	1,00	1,09	1,00	0,93	1,23	1,17
M	Calcit/Dolomit-Verhältnis (Intensitätsverhältnis der (104)-Reflexe)	—	0,02	—	0,04	—	0,001	0,02	0,02
N	$d_{(104)}$-Wert (Å) von Calcit	—	3,030	—	3,030	—	3,028	3,022	3,021
O	Ca, Mg-Karbonatgehalt (Gew.%)	97,1	97,0	99,5	96,7	94,5	96,9	97,1	95,4
P	FeO-Gew.-%	0,10	0,12	0,08	0,08	0,08	0,06	0,02	0,16
Q	Mn in ppm	610	215	505	692	991	534	1393	584
R	Sr in ppm	20	15	15	30	10	10	20	15

A	9	10	11	12	13	14	15	16	17	18	19	20
B	Sch	Sch	Mu	Sch	Sch	Sch	Mu	Mu	Wa	Sch	Mu	Sch
C	Hi	Do	Hi	Pr	Pr	Hi	Pr	Hi	Pr	Hi	Hi	Hi
D	5 606	5 606	5 606	5 705	5 705	5 606	5 705	5 606	5 705	5 706	5 606	5 606
E	74 220	81 900	75 600	67 860	68 050	73 940	66 650	75 550	64 800	73 680	77 790	74 290
F	48 550	44 450	54 210	40 970	41 720	48 530	38 000	54 030	39 000	48 700	54 000	51 550
G			A 1				A 5	A 1	A 11			A 15
H	BZ	BZ	BZ	BZ	BZ	BZ	BZ	BZ	BZ	BZ	BZ	BZ
I	c	c	c	c	c	c	c	c	c	c	c	c
J	2,885	2,885	2,885	2,885	2,885	2,885	2,885	2,885	2,885	2,885	2,885	2,886
K	0,65	0,70	0,72	0,93	0,74	0,73	0,77	0,70	0,72	0,96	0,96	0,59
L	1,03	0,92	0,92	0,92	0,91	0,90	0,89	0,87	0,86	0,80	0,77	1,03
M	0,003	0,02	0,02	0,003	0,01	0,007	0,007	0,06	—	—	—	0,006
N	3,028	3,027	3,032	3,026	3,023	3,028	3,030	3,031	—	—	—	3,030
O	98,5	99,2	96,0	97,1	90,5	98,9	91,0	92,6	92,4	97,3	95,2	94,6
P	0,10	0,20	0,06	0,06	0,08	0,06	0,10	0,06	0,06	0,10	0,14	0,16
Q	2 250	1 430	536	420	1 960	2 720	315	1 085	482	492	771	767
R	10	20	15	< 10	30	15	15	25	10	10	< 10	15

A	21	22	23	24	25	26	27	28	29	30	31	32
B	Sch	Sch	Mu	Sch	Wa	Wa	Sch	Mu	Wa	Sch	Sch	Wa
C	Do	Hi	Pr	Pr	Pr	Pr	Sö	Hi	Pr	Sö	Hi	Pr
D	5 605	5 706	5 705	5 705	5 705	5 705	5 406	5 606	5 705	5 405	5 606	5 705
E	81 900	72 040	67 700	64 820	64 820	64 670	05 650	75 550	64 670	97 800	74 300	64 810
F	44 450	47 620	39 750	38 920	39 050	40 950	54 130	54 030	40 940	40 330	51 650	39 040
G				A 11	A 11	A 63	A 60	A 1	A 63		A 15	A 11
H	BZ	BZ	BZ	BZ	BZ	BZ	BZ	BZ	BZ	BZ	BZ	BZ
I	c	c	c	c	c	c	c	c	c	c	c	c
J	2,886	2,886	2,886	2,886	2,886	2,886	2,886	2,886	2,886	2,886	2,886	2,886
K	0,58	0,74	0,71	0,69	0,75	0,77	0,65	0,70	0,81	0,83	0,86	0,93
L	1,00	0,93	0,91	0,90	0,89	0,88	0,86	0,84	0,83	0,83	0,83	0,80
M	0,02	—	—	—	—	0,05	0,001	0,01	—	0,01	0,26	—
N	3,027	—	—	—	—	3,029	3,026	3,033	—	3,025	3,030	—
O	95,4	96,1	85,2	92,4	96,0	89,6	84,2	94,2	59,6	99,3	90,4	96,1
P	0,08	0,20	0,40	0,08	0,10	0,08	0,22	0,10	0,64	0,30	0,04	0,14
Q	1 525	267	892	1 445	967	712	1 290	899	563	1 661	635	895
R	10	20	15	25	15	15	15	20	15	10	15	30

A	33	34	35	36	37	38	39	40	41	42	43	44
B	Sch	Sch	Sch	Sch	Wa	Wa	Sch	Wa	He	Wa	Sch	Sch
C	Pr	Hi	Pr	Pr	Pr	Pr	Sö	Pr	Hi	Pr	Sö	Hi
D	5 705	5 606	5 705	5 705	5 705	5 705	5 405	5 705	5 606	5 705	5 505	5 606
E	64 200	75 280	64 860	67 860	64 670	67 950	97 800	64 840	77 080	64 670	94 060	75 580
F	39 690	52 580	38 980	40 970	40 940	41 300	40 340	39 140	51 580	40 950	40 370	52 930
G			A 11		A 63	A 12		A 11		A 63		A 16
H	BZ	BZ	BZ	BZ	BZ	BZ	BZ	BZ	P	BZ	BZ	BZ
I	c	c	c	c	c	c	c	c	c	c	c	c
J	2,886	2,886	2,886	2,886	2,886	2,886	2,886	2,886	2,886	2,887	2,887	2,887
K	0,83	0,84	0,77	0,80	0,90	0,87	0,77	0,87	0,77	0,69	0,80	0,90
L	0,79	0,79	0,78	0,78	0,76	0,72	0,71	0,70	0,67	1,00	1,00	0,94
M	—	—	—	—	—	—	0,002	—	—	—	0,18	0,17
N	—	—	—	—	—	—	3,031	—	—	—	3,027	3,031
O	94,5	87,9	90,9	97,9	86,2	90,5	92,0	89,0	61,1	86,5	83,0	88,4
P	0,08	0,20	0,21	0,10	0,40	0,16	0,50	0,06	0,06	0,45	0,01	0,23
Q	1 204	514	504	252	173	800	2 220	713	1 070	1 169	2 170	1 000
R	15	20	20	10	< 10	< 10	15	10	15	20	20	< 10

A	45	46	47	48	49	50	51	52	53	54	55	56
B	Ahr	Mu	Ahr	Mu	Sch	Mu	No	Mu	Oo	Mu	He	He
C	Sö	Pr	Sö	Hi	Sö	Hi	Ge	Hi	Pr	Hi	Pr	Hi
D	5 505	5 705	5 505	5 606	5 405	5 606	5 705	5 606	5 705	5 606	5 804	5 606
E	95 870	67 700	95 870	75 560	97 810	75 550	65 120	75 640	64 670	75 640	57 100	77 080
F	44 650	39 750	44 650	54 360	40 320	54 030	44 830	50 960	40 920	50 960	33 780	51 580
G				A 1		A 1	A 31	A 4	A 63	A 4	A 35	
H	BZ	BZ	BZ	BZ	BZ	BZ	P	BL	P	BL	P	P
I	c	c	c	c	c	c	c	o	c	o	c	c
J	2,887	2,887	2,887	2,887	2,887	2,887	2,887	2,887	2,887	2,887	2,888	2,888
K	0,83	0,73	0,73	0,79	0,73	0,74	0,93	0,75	0,86	0,75	0,75	0,94
L	0,91	0,90	0,86	0,82	0,80	0,80	0,74	0,72	0,70	0,68	0,90	0,88
M	0,12	—	0,003	0,03	0,02	—	—	0,29	—	0,42	—	0,19
N	3,027	—	3,025	3,031	3,023	—	—	3,033	—	3,030	—	3,029
O	14,2	99,1	28,0	85,3	89,5	93,9	83,8	95,4	86,0	89,2	20,4	86,3
P	0,10	0,22	0,01	0,06	0,06	0,58	0,44	0,36	0,80	0,86	1,16	0,90
Q	860	946	1 670	1 034	2 779	662	920	1 300	1 840	2 200	1 260	921
R	10	10	< 10	40	20	20	15	40	30	30	< 10	15

A	57	58	59	60	61	62	63	64	65	66	67	68
B	Dr	Mu	Wa	Sch	Sch	Oo	Mu	Sch	No	Wa	Sch	Ahb
C	Hi	Ge	Pr	Sö	Hi	Pr	Hi	Sö	Sö	Pr	Do	Bl
D	5 606	5 706	5 705	5 505	5 606	5 705	5 606	5 405	5 405	5 705	5 606	5 605
E	75 600	65 280	67 920	94 040	75 280	64 670	75 640	97 810	99 230	64 830	83 260	82 230
F	53 260	48 080	41 240	40 390	52 580	40 900	50 960	40 320	39 500	39 080	48 620	36 000
G		A 7	A 12			A 63	A 4		A 22	A 11	A 18	A 2 7
H	P	BZ	BZ	BL	BZ	P	BL	BZ	P	BZ	BL	P
I	o	c	c	c	c	c	o	c	c	c	o	c
J	2,888	2,888	2,888	2,888	2,888	2,888	2,888	2,888	2,888	2,888	2,888	2,889
K	0,74	0,81	0,94	0,88	0,84	1,00	0,84	0,90	0,90	0,78	0,94	0,87
L	0,86	0,75	0,75	0,74	0,73	0,71	0,70	0,70	0,65	0,64	0,62	0,90
M	0,01	—	—	—	2,08	—	0,26	—	0,1	—	0,37	0,01
N	3,033	—	—	—	3,033	—	3,030	—	3,029	—	3,031	3,031
O	76,7	97,1	58,5	66,9	87,6	47,2	91,7	91,0	21,44	90,8	92,9	98,90
P	0,06	0,30	0,28	0,50	0,02	0,42	0,60	0,10	0,01	0,36	0,70	0,22
Q	339	869	298	1 390	1 430	400	1 260	1 810	4 570	502	550	494
R	40	10	25	20	25	10	50	10	10	15	140	15

A	69	70	71	72	73	74	75	76	77	78	79	80
B	Mu	Sch	Ahr	He	Sch	Sch	He	Sch	He	Ahb	He	Sch
C	Hi	Hi	Ge	Sa	Hi	Do	Bl	Do	Sa	Hi	Sa	Do
D	5 606	5 606	5 706	5 805	5 606	5 606	5 505	5 606	5 805	5 606	5 805	5 606
E	75 640	74 290	70 140	57 560	75 550	84 250	90 080	83 990	57 560	75 590	57 560	84 250
F	50 960	51 520	48 970	45 810	53 080	51 730	43 700	51 720	45 810	50 940	45 810	51 730
G	A 4	A 15		A 32	A 16	A 17 a	A 28		A 32	A 4	A 32	A 17 a
H	BL	BZ	P	P	BL	BL	P	BL	P	BH	P	BL
I	o	c	c	c	c	c	c	c	c	o	c	o
J	2,889	2,889	2,889	2,889	2,889	2,889	2,889	2,890	2,890	2,890	2,890	2,891
K	0,79	0,74	0,87	0,87	0,91	0,91	0,72	0,97	0,93	0,77	1,00	0,91
L	0,79	0,78	0,70	0,70	0,64	0,60	0,52	0,75	0,72	0,61	0,51	0,75
M	0,13	—	—	0,02	0,05	1,96	0,01	0,33	0,01	0,1	—	9,09
N	3,033	—	—	3,026	3,028	3,028	3,022	3,028	3,029	3,033	—	3,031
O	94,8	76,4	81,1	23,4	98,3	77,8	86,9	87,1	57,5	68,3	81,4	81,8
P	0,18	0,26	0,10	0,40	0,42	0,01	1,60	0,01	0,90	0,76	2,02	0,10
Q	759	1 614	1 200	2 520	331	2 160	8 996	1 385	4 700	915	5 100	1 420
R	20	20	20	20	40	20	15	30	25	50	25	40

A	81	82	83	84	85	86	87	88	89	90	91	92
B	Sch	Sch	Sch	Sch	Sch	Bü	Sch	Sch	Sch	Mu	Sch	Sch
C	Hi	Do	Hi	Do	Do	Pr	Do	Hi	Do	Pr	Hi	Do
D	5 606	5 606	5 606	5 606	5 606	5 705	5 606	5 606	5 606	5 705	5 606	5 606
E	75 550	84 250	75 550	83 260	83 480	64 350	84 470	75 550	84 470	67 060	74 290	83 260
F	53 080	51 730	53 080	48 590	47 780	40 880	51 200	53 080	51 200	38 910	51 520	48 590
G	A 16	A 17 a	A 16	A 18		A 34	A 17 b	A 16	A 17 b	A 6	A 15	A 18
H	BL	BL	BL	BL	BL	P	BL	P	BL	BH	BL	BL
I	c	c	c	c	o	c	o	c	o	o	c	c
J	2,891	2,891	2,891	2,891	2,891	2,891	2,891	2,892	2,892	2,893	2,893	2,893
K	0,88	0,92	0,82	0,89	1,21	0,85	0,97	0,62	0,97	0,80	0,85	0,92
L	0,71	0,69	0,67	0,67	0,60	0,49	0,45	0,61	0,51	0,70	0,65	0,60
M	0,01	0,2	0,18	0,2	1,61	—	0,67	0,11	1,00	2,04	—	0,16
N	3,028	3,024	3,028	3,027	3,033	—	3,035	3,029	3,033	3,031	—	3,030
O	92,9	94,1	87,5	94,1	99,8	69,6	91,1	97,5	95,2	95,0	86,3	95,0
P	0,32	0,56	0,56	0,02	0,10	1,52	0,43	0,20	0,22	0,90	0,20	0,05
Q	758	2 330	1 890	932	833	1 071	354	820	84	680	1 500	610
R	40	40	20	40	95	30	150	35	230	300	35	42

A	93	94	95	96	97	98	99	100	101	102	103	104
B	Oo	Ahb	Sch	Ahb	Cü	Sch	Mu	No	Fr	Mu	Mu	Mu
C	Pr	Bl	Do	Bl	Sö	Do	Ge	Sö	Hi	Hi	Ge	Pr
D	5 705	5 505	5 606	5 505	5 405	5 606	5 706	5 505	5 606	5 606	5 706	5 705
E	64 670	90 360	83 260	90 360	98 130	83 260	65 280	94 740	76 420	75 550	65 280	67 060
F	40 920	47 140	48 590	47 140	39 770	48 590	48 080	44 540	55 260	54 030	48 080	38 910
G	A 63		A 18		A 24	A 18	A 7	A 61	A 29	A 1	A 7	A 6
H	P	P ?	BL	P ?	P	BL	BH	P	P	BH	BH	BH
I	c	o	o	o	o	c	o	o	o	o	o	o
J	2,894	2,895	2,896	2,897	2,897	2,897	2,897	2,897	2,897	2,898	2,898	2,899
K	0,62	0,93	0,87	0,95	0,89	0,66	0,74	0,78	0,57	0,68	0,71	0,70
L	0,48	0,57	0,65	0,60	0,55	0,52	0,47	0,45	0,42	0,56	0,54	0,66
M	0,02	1,45	0,36	0,08	1,10	0,12	0,03	4,20	1,49	0,83	0,50	1,72
N	3,028	3,031	3,032	3,035	3,031	3,024	3,029	3,032	3,032	3,031	3,032	3,032
O	97,0	79,4	58,3	80,6	96,1	90,8	92,0	97,5	98,9	91,5	95,7	92,4
P	3,00	0,10	0,04	0,60	0,01	1,92	0,34	1,92	0,46	0,14	0,32	0,40
Q	2 200	655	814	570	1 200	4 330	767	231	133	925	2 400	245
R	25	85	40	80	70	40	25	175	220	175	100	240

A	105	106	107	108	109	110	111	112	113	114	115	116
B	Mu	Mu	Ahr	Mu	Oo	Mu	He	Oo	?	Cü	Mu	Ahr
C	Ge	Ge	Ge	Pr	Pr	Hi	Bl	Pr	Do	Sö	Ge	Sö
D	5 706	5 706	5 706	5 705	5 705	5 606	5 505	5 705	5 605	5 405	5 706	5 406
E	65 280	65 280	64 750	67 060	68 000	75 550	90 080	68 000	82 650	98 130	65 280	03 380
F	48 080	48 080	48 950	38 910	41 520	54 030	43 700	41 490	45 480	39 770	48 080	51 300
G	A 7	A 7	A 30	A 6	A 12	A 1	A 28	A 12		A 24	A 7	
H	BH	BH	P	BH	P	BH	P	P	P	P	BH	P
I	o	c	c	o	o	o	c	c	c	o	o	c
J	2,899	2,899	2,900	2,900	2,900	2,900	2,900	2,900	2,901	2,901	2,901	2,901
K	0,64	0,66	0,71	0,76	0,75	0,61	0,83	0,72	0,60	0,68	0,63	0,62
L	0,61	0,50	0,64	0,60	0,43	0,52	0,31	0,28	0,58	0,57	0,55	0,49
M	0,77	0,03	—	1,35	0,44	0,77	0,02	0,03	—	4,00	0,29	0,27
N	3,032	3,025	—	3,034	3,032	3,031	3,015	3,028	—	3,031	3,032	3,029
O	93,3	99,5	54,5	95,0	86,1	91,9	86,4	88,1	73,2	99,4	92,6	90,1
P	0,26	0,30	0,90	1,20	0,80	0,20	3,74	1,00	0,38	0,08	0,30	0,60
Q	1 220	2 787	769	266	530	810	14 500	1 070	1 020	3 780	3 070	2 010
R	145	75	40	210	125	110	20	40	30	80	95	35

A	117	118	119	120	121	122	123	124	125
B	Dr	No	Oo	Oo	Dr	He	He		
C	Sö	Sö	Pr	Pr	Sö	Sö	Bl		
D	5 405	5 405	5 705	5 705	5 405	5 505	5 505		
E	98 700	01 570	68 000	68 000	98 700	94 420	90 080		
F	40 230	45 600	41 490	41 440	40 230	44 220	43 700		
G	A 23	A 25	A 12	A 12	A 23		A 28		
H	P	P	P	P	P	P	P		
I	o	o	c	c	o	o	c		
J	2,902	2,902	2,902	2,903	2,904	2,904	2,904	2,899	2,903
K	0,74	0,60	0,60	0,58	0,60	0,95	0,55	0,89	0,84
L	0,60	0,42	0,21	0,59	0,50	0,40	0,33	0,18	0,25
M	0,42	2,78	0,02	—	1,00	—	0,02	—	—
N	3,029	3,030	3,034	—	3,031	—	3,019	—	—
O	86,5	66,7	88,0	75,5	71,2	92,9	88,1	63,5	65,6
P	0,12	0,92	1,20	0,64	0,06	2,42	4,14	12,3	7,5
Q	1 830	685	2 060	809	1 315	3 160	15 000	6 500	14 000
R	110	175	60	45	100	185	20	20	700

7. Summary

Origin and diagenesis of Devonian and Permotriassic dolomites in the Eifel Mts. (Germany).

7.1. Geological setting and field observations

7.1.1. *Paleogeography*

The Middle Devonian carbonate rocks of the Eifel Mts. („Eifeler Nord-Süd-Zone", fig. 1) are part of the shelf sediments near the northern border of the Variscian geosyncline south of the "Old-Red" continent extending from England into the European continent (KREBS 1968, 1971). The carbonats sequences are up to 1000 m thick, and are underlain by a thick series of clastic Lower Devonian sediments. Corals and stromatopores are the main fossils; frequently they form bihstromes (greatest width : thickness = more than 50), especially inthe Upper Givetian.

The development of biostromes came to an end in Frasnian time because of deepening of the sea. The sea did not retreat before late Carboniferous time as suggested by marine Lower Carboniferous deposits in a deep well in the Saar area (KNEUPER 1971). At the end of the Lower Carboniferous, the Variscian orogenesis formed north-east south-west folds with an oblique north-south depression in the area of the Eifel Mts. Owing to this depression, the Middle Devonian limestones and dolomites are preserved only in the middle part of the Eifel area (fig. 1).

Erosion in late Permian time formed dolomite ridges in place of the former synclines whereas limestones and clastic rocks formed the bottom of the valleys. The debris of these ridges accumulated in the valleys (E. SCHRÖDER 1954). During early Triassic time (Buntsandstein) red alluvial conglomerates, sandstones and siltstones of southern provenance were deposited in the valleys (PICARD 1950, WURSTER 1964). No younger sediments (except local Tertiary alluvium) are found in this area.

7.1.2. *Dolomite types*

7.1.2.1. Biostromal dolomites

Most of the Eifel dolomites are conected with Middle Devonian biostromes composed of corals and stromatopores. These diskshaped dolomite bodies (fig. 4 and 48) are grouped into two time intervals (fig. 1, 2):

(1) "Munter-Lei" dolomite; Eifelian/Givetian, 20 km in diameter and less than 100 meters in thickness.

(2) "Schönecken" dolomite sensu lato; Givetian/Frasnian, > 50 km in diameter and less than 500 meters in thickness.

Both are flat-topped with very irregular lower surfaces, and are composed of several biostromes.

7.1.2.2. Continental dolomites

The "Geländedolomit" (REULING 1931) are related to the Permotriassic paleogeography and morphology (chapter 1.3.2., fig. 47). Two types have been found:

(1) "Lierberg" dolomite (Locality A 41), in depressions near Devonian dolomite ridges, and extending from the Permian conglomerates and breccias downward into folded Devonian limestones.
(2) "Grieshäuel" dolomite (Loc. A 47), also in depressions, but developed in Triassic rocks (Buntsandstein).

7.1.2.3. Spotty dolomitization

Disseminated dolomite crystals occur; mainly in crinoid limestones they are not related to the above dolomite occurrences.

7.2. Petrographic investigations

7.2.1. *Dolomite fabric*

Different resistance against dolomitization can be observed in the "open" dolomite fabrics (p. 11) bordering the dolomite bodies (2.2.1.):
(a) marls are dolomitized prior to limestones (fig. 9) whereas shale layers hamper dolomitization (LANG 1964).
(b) matrix is dolomitized prior to skeletons (fig. 10, 11), cement, and calcitic joints (fig. 9), because of a higher content in insoluble residues.
(c) fibrous cement A is frequently dolomitized prior to isometric cement B mosaics, possibly because of primary Mg-content of cement A-calcite.

The crystal size of dolomite decreases with increasing clay and silt residue (fig. 18), because the contamination by clay and silt particles hampers the growth of the carbonate crystals (MARSCHNER 1966, 1969). Irrespective of the clay and silt content, the smallest crystal size of dolomite occurs in the upper part of the biostromes in which the skeletons also are preserved best (2.2.2.; fig. 18; locality A 11).

Joints caused by folding in Carboniferous time are filled by calcite in the biostromal dolomites, and by dolomite in the continental dolomites (fig. 9); this may illustrate a different time of dolomitization.

In the transition between open and closed dolomite fabric, spots of (Fe)-calcite are found between the dolomite rhombs; these spots are interpreted as cementation of solution pores which were formed during dolomitization (2.2.7.).

7.2.2. *Dolomite composition*

Dolomites with a Ca-excess (up to $Ca_{0.57}Mg_{0.43}CO_3$) and a Mg-excess (up to $Ca_{0.48}Mg_{0.52}CO_3$) have been identified by X-ray analysis (fig. 24; 2.1. and 2.2.7.1.). The degree of ordering [I (015) / I (110), GOLDSMITH & GRAF 1958, FÜCHTBAUER & GOLDSCHMIDT 1965] decreases with increasing Ca-excess; however the rate of decrease becomes smaller in the same direction (fig. 25; 2.2.7.4.). The ordering degree also decreases with increasing Fe^{2+}-content (fig. 24).

The following distribution of dolomite composition has been found:

biostromes,	top area:	approx.	$Ca_{0.51-0.56}$
	center:	»	$Ca_{0.48-0.51}$
	bottom:	»	$Ca_{0.50-0.54}$
continental dolomites:		»	$Ca_{0.50-0.57}$

In the open-fabric dolomites (i. e. dolomitic limestones), the Ca-excess in the dolomite lattice in general is higher than in the dolomites proper (fig. 22; Füchtbauer 1964). Biostromal dolomites are more frequently stoichiometric than the continental dolomites (fig. 23).

During the growth period of the dolomite crystals, their Ca- (and Fe-) content decreased (2.2.7.5. and 2.2.7.6.) from the inclusion-rich centers towards the clear rims, in the top and bottom areas of the biostrome-dolomites (fig. 32). Faster crystal growth is suggested as an explanation for the abundance of inclusions in the crystal centers. In the continental dolomites, these zones of different inclusion-frequency and Ca-excess can alternate several times, indicating fluctuating conditions of dolomitization.

The Sr-content decreases with increasing dolomitization (2.2.7.9.; fig. 34). The Fe-content is higher in the top and bottom strata than in the upper center of the biostrome-dolomites; the highest Fe-contents occur in continental dolomites (2.2.7.7.; fig. 34).

Ca-rich dolomites are calcitized more readily than stoichiometric dolomitized; the secondary calcite crystals can be smaller, equal, or larger than the dolomite crystals (2.2.8.; fig. 35). The occurrence of the highly unstable Mg-calcite points to late calcitization or cementation (fig. 39).

7.2.3. *Authigenic quartz*

In the Devonian, three types of authigenic quartz crystals occur: (1) large hydrothermal crystals, (2) large (up to 0,3 mm) diagenetic crystals incorporating detrital quartz grains as nuclei, (3) small (usually about 0,01 mm) diagenetic crystals. The large diagenetic quartz crystals are less elongated than the hydrothermal quartz crystal which presumably grew faster. They also are less elongated than the small diagenetic crystals. The latter are therefore supposed to have formed faster, too, compared with the large, short-prismatic diagenetic crystals (fig 41). This supposition is supported by the frequency of tiny ("dusty") inclusions suggestive of fast growth.

Calcite and dolomite occur as inclusions in authigenic quartz crystals (2.3.1.1.3.). The calcite inclusions in those quartz crystals which developed in crinoids and rugose and tabulate corals are higher in Mg than the surrounding skeletal material; this points to an early growth of quartz crystals (cf. fig. 44; Richter, 1972). A similar conclusion is derived from the following observation: The quartz crystals contain dolomite inclusions in the upper part (Loc. A 11 and 12) and Mg-calcite inclusions in the lower part of the biostrome-dolomites. Provided that the quartz crystals formed at the same time in both places, this was between early diagenetic and late diagenetic dolomitization (s. below), in Devonian time. Younger authigenic quartz crystals occur locally (2.3.1.2.).

Authigenic potassium feldspars of different triclinity are frequent especially in early diagenetic dolomites (2.3.2.).

7.3. Conclusion : Origin of the Eifel dolomites

7.3.1. *Biostromal dolomites* (fig. 45, 48)

In the upper part of the dolomite "bodies" (e. g. of the Schönecken dolomite, fig. 2), laminated (? stromatolitic), microcrystalline dolomites with intraclasts, trace

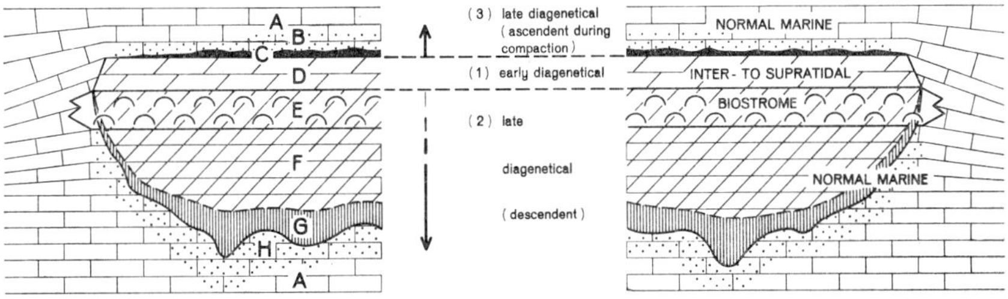

	Carbonates	Within dolomitized skeletons: structures + = preserved – = not preserved	Crystal size dolomite *	FeO weight-% min	FeO mean	FeO max	Sr^{2+} ppm min	Sr^{2+} mean	Sr^{2+} max	Inclusions in authigenic quartz
A	calcite						60	200	600	calcite
B	Ca_{51-56}-dolomite + calcite	–	↑	0,1	0,5	1,2	25	140	300	calcite
C	Ca_{51-56}-dolomite no calcite	– (+)								calcite
D+E	Ca_{48-51}-dolomite	+		0,01	0,15	0,6	0	15	40	dolomite dolomite + calcite
F	Ca_{48-51}-dolomite	+ –								dolomite + calcite calcite
G	Ca_{50-54}-dolomite no calcite	(+) –		0,01	0,4	1,9	15	30	45	calcite
H	Ca_{50-54}-dolomite + calcite	–	↓	0,01	0,3	0,9	15	85	230	calcite
A	calcite						60	200	600	calcite

* = crystal size depends additionally on clay content and on secondary crystal enlargement

Fig. 48. Petrological and chemical investigations of the biostromal dolomites and their geological interpretation. Arrows indicate direction of increasing crystal size.

fossils and a fauna rich in individuals but poor in species (gastropods and encrustations are frequent) alternate with micro- to macrocrystalline coral- and stromatopore-dolomites (biostromes, Loc. A 11). This points to inter- to supratidal environment alternating with subtidal environment. Towards the top ("Wallersheim dolomite"), corals and stromatopores disappear.

It is suggested that early diagenetic dolomitization occurred in the laminated layers (Loc. A 1, A 8, A 11, A 12). During emersion, heavy Mg-rich brines percolated and dolomitized the lime muds and limestones below (up to 500 m — including several biostroms), driven by gravity and locally hampered by low-permeability. After "Wallersheim" time, increasing subsidence precluded further dolomitization (fig. 45 E). While in the lower "Ooser Plattenkalk" reef debris is found locally (Loc. A 63; Krebs 1962), turbidite limestones are present in the upper "Ooser Plattenkalk" (Loc. A 12; Meischner 1964, 1967). During this time, compaction squeezed the brines into the limestones covering the biostromes; ascendent dolomitization of a 0.5—5 m thick layer resulted (Loc. A 1, 6, 7).

7.3.2. *Spotty dolomitization*

Ca- and Fe-dolomite spots in crinoidal limestones may owe their contents to the presence of Mg-calcitic crinoids.

7.3.3. *Continental dolomites*

Devonian limestones were dolomitized in depressions at the flanks of Devonian dolomite ridges; springs originating in these ridges and episodic rain falls in an arid climate provided the Mg (cf. fig. 47) in Permian ("Lierberg" dolomite) and Triassic time ("Grieshäuel" dolomite). These conclusions are based on the following criteria: a) A Permian conglomerate including pebbles of Devonian limestone with dolomitized outer layers (fig. 6; Loc. A 39). b) Dolomitic cement in Permian (Loc. A 41, 42, 44) and Lower Triassic (A 47—49) conglomerates and breccias adjacent to undolomitized limestone conglomerates A 38, 40, 43). c) Surficially dolomitized folded Devonian limestones beneath a dolomitic Permian conglomerate (Loc. A 41).

8. Literaturverzeichnis

ALEXANDER, G. B.; HESTON, W. M. & ILER, H. K.: The solubility of amorphous silica in water. — J. phys. Chem. **58**, 453—455, Ithaca 1954.

BANNER, F. T. & WOOD, G. V.: Lower Cretaceous — Upper Jurassic stratigraphy of Umm Shaif field, Abu Dhabi marine areas, Trucial Coast, Arabia. — Bull. Amer. Assoc. Petrol. Geol. **48**, S. 191—206, 1964.

BARTENSTEIN, H.: Schwamm-Nadeln im Mittel-Devon der Eifel und Ober-Devon des Ost-Thüringischen Schiefergebirges. — Senckenbergiana **17**, S. 238—241, Frankfurt a. M. 1935.

BASKIN, Y.: A study of authigenic feldspars. — J. Geol. **64**, 2, S. 132—155, 1956.

BAUSCH, W. M.: Dedolomitisierung und Recalcitisierung in fränkischen Malmkalken. — N. Jb. Miner., Mh., Jg. **1965**, S. 75—82, Stuttgart 1965.

— Clay content and calcite crystal size of limestones. — Sedimentology **10**, S. 71—75, 1968.

BEHR, F. M.: Über Dolomitisierung und Verquarzung in Kalken des Mitteldevons und Karbons am Nordrande des Rheinischen Schiefergebirges. — Z. dt. ged. Ges. **67**, 1915, S. 1—46, Berlin 1916.

BERGER, L.: Die Nordwesthälfte der Sötenicher Mulde; ihre Ausbildung in streichender Richtung von Sistig bis Keldenich auf der Grundlage des Urft-Profils. — Verh. Nat. Ver. Rhld. u. Westf., **66**, S. 1—28, Bonn 1909.

BLANCKENHORN, M.: Die Trias am Nordrande der Eifel zwischen Commern, Zülpich und dem Roertale. — Abh. geol. Specialkarte Preußen u. Thür. Staaten, **4**, 2, 135 S., Berlin 1885.

BØGGILD, O. B.: The shell structure of the mollusks. — Kgl. Danske Videnskab. Selsk. Skr., Naturvidensk. mathem. Afd., 9. Raekke, II. 2., S. 258—325, 1930.

BRAUN, M. & FRIEDMAN, G. M.: Carbonate lithofacies and environments of the Tribes Hill Formation (Lower Ordovician) of the Mohawk Valley, New York. — J. Sed. Petrol. **39**, 1, S. 113—135, 1969.

BRINKMANN, R.: Die Mitteldeutsche Schwelle. — Geol. Rdsch. **36**, S. 56—66, Stuttgart 1948.

BROWN, G.: The x-ray identification and crystal structures of clay minerals. — Mineralogical Society, London 1961.

BUCH, L. v.: Über das Vorkommen des Dolomits in der Nähe der vulkanischen Gebilde der Eifel. — In: NÖGGERATH, Das Gebirge in Rheinland-Westfalen nach mineralogischem und chemischem Bezuge, 3 Bd., S. 280—283, 1824.

BUGGISCH, W.: Zur Geologie und Geochemie der Kellwasserkalke und ihrer begleitenden Sedimente (Unteres Oberdevon). — Abh. hess. L.-Amt Bodenforsch. **62**, 68 S., Wiesbaden 1972.

CHAVE, K. E.: Skeletal durability and preservation. — In: IMBRIE & NEWELL (ed.), Approaches to paleoecology, S. 377—387, 1964.

CHRISTINE, O. H. J.: Norsk Geol. T. 42, 2, S.567—577, 1962.

CLAUSEN, C.-D.: Oberdevonische Cephalopoden aus dem Rheinischen Schiefergebirge. I. Orthocerida, Bactritida. — Palaeontographica Abt. A, **128**, Liefg. 1—3, S. 1—86, Stuttgart 1968.

COPPER, P.: Ecological distribution of devonian atrypid brachiopods. — Palaeogeogr., Palaeoclimat., Palaeoecol, **2**, S 245—266, Amsterdam 1966.

CULLIS, C. G.: The mineralogical changes observed in the cores of the Funafuti borings. — In: The Atoll of Funafuti. — Royal Society of London, S. 392—440, 1904.

DECHEN, H. v.: Orographisch-Geognostische Übersicht des Regierungsbezirkes Aachen. — 292 S.; In: Statistik des Regierungsbezirkes Aachen (Herausgeber: H. A. REINICK), 2. Abteilung, Verlag von Benrath & Vogelsang, Aachen 1866.

— Geologische Karte vom Rheinland und Westphalen 1:80 000, Section Berncastel. — 1883.

— Erläuterungen der geologischen Karte der Rheinprovinz und der Provinz Westfalen. II. Teil. Die geologischen und paläontologischen Verhältnisse. — 933 S., Bonn (A. Henry) 1884.

DEGENS, E. T.: Geochemie der Sedimente. — 282 S., Stuttgart (Enke-Verlag) 1968.

DICKSON, J. A. D.: Carbonate identification and genesis as revealed by staining. — J. Sediment. Petrol. **36**, S. 491, 1966.

ECKHARDT, F.-J. & v. GAERTNER, H. R.: Über Dolomite aus den Sedimenten des Ruhrkarbons. — Geol. Jb. **71**, S. 427—432, 1955.

ELBERSKIRCH, W.: Zur Tektonik der Trias der Eifelsenke. — Jb. preuß. geol. A. Berlin **58**, S. 38—81, Berlin 1937.

EVAMY, B. D. & SHEARMAN, D. J.: The application of chemical staining techniques to the study of diagenesis in limestones. — Proc. Geol. Soc. London, **1599**, S. 102, **1962**.

FAIRBRIDGE, R. W.: The Dolomite Question. — In: R. J. LEBLANC and J. G. BREEDING (ed.) Regional Aspects of Carbonate Deposition. — Soc. Econ. Paleontologists Mineralogists, Spec. Publ. **5**, S. 125—178, Tulsa 1957.

FRIEDMAN, G. M.: Terminology of cristallization textures and fabrics in sedimentary rocks. — J. Sed. Petrology **35**, S. 643—655, 1965.

FRIEDMAN, G. M. & SANDERS, J. E.: Origin and Occurrence of Dolostones. — In: G. V. CHILINGAR, H.-J. BISSELL und R. W. FAIRBRIDGE, Carbonate Rocks. — Developments in Sedimentology 9 A, Chapter 6, S. 267—348, Elsevier, New York 1967.

FRITZ, P.: Zur Genese von Dolomit und zuckerkörnigem Kalk im Weissen Jura der Schwäbischen Alb (Württemberg). Mikroskopische Untersuchungen und Isotopenanalysen. — Arb. Geol. Paläont. Inst. Techn. Hochschule Stuttgart, N. F., **50**, 104 S., Stuttgart 1966.

FUCHS, G.: Geologie des Westteils der Hillesheimer Mulde (Mitteldevon, Eifel). — Fortschr. Geol. Rheinld. u. Westf. **9**, S. 323—447, Krefeld 1965.

— Wenig bekannte Vulkane der westlichen Eifel. — Der Aufschluß **20**, S. 1—21, Göttingen 1969 (a).

— Zum Eruptionsmechanismus der tertiären Hocheifel. — Basalte: Der Arensberg bei Zilsdorf. — Decheniana, 122, 1, S. 129—145, Bonn 1969 (b).

FÜCHTBAUER, H.: Zur Quarzneubildung in Erdöllagerstätten. — Erdöl, Kohle, Erdgas, Petrochem. **14**, 169—173, Hamburg 1961.

— Fazies, Porosität und Gasinhalt der Karbonatgesteine des norddeutschen Zechsteins. — Z. dt. geol. Ges. **114**, S. 484—531, Hannover 1964.

— Der Einfluß des Ablagerungsmilieus auf die Sandsteindiagenese im Mittleren Buntsandstein. — Sediment. Geol. **1**, S. 159—179, Amsterdam 1967.

— Editorial. — Sedimentology **12**, 1/2 5.7—10, Amsterdam 1969.

— Karbonatgesteine. — In: Füchtbauer, H. & Müller, G.: Sedimentpetrologie II. Sedimente und Sedimentgesteine. — E. Schweizerbart'sche Verlagsbuchhandlung, Stuttgart 1970.

— Influence of salinity on carbonate rocks in the Zechstein formation, north-western Germany. — Proc. Hanover Symp. 1968 (Geology of saline deposits), Earth sciences 7., S. 23—31, Unesco, 1972.

Füchtbauer, H. & Goldschmidt, H.: Beziehungen zwischen Calziumgehalt und Bildungsbedingungen der Dolomite. — Geol. Rdsch., **55**, S. 29—40, Stuttgart 1965.

Germann, K.: Diagenetic patterns in the Wettersteinkalk (Ladinian, Middle Trias), Northern Limestone Alps, Bavaria and Tyrol. — J. Sed. Petrol. **38**, 2 S. 490—500, 1968.

Gittinger, K.: Geochemische Faziesuntersuchungen im Oberen Hauptmuschelkalk und Unteren Keuper Luxemburgs. — 123 S., Diss. Univ. Tübingen 1968.

Glinski, A.: Die Schichtfolge der Rohrer Mulde (Devon der Eifel). — Senck. leth. **42**, 3/4, S. 273—289, Frankfurt a. Main 1961.

Goldsmith, J. R. & Graf, D. L.: Relation between lattice constants and composition of Ca-Mg-carbonates. — Amer. Miner. **43**, S. 84—101, 1958.

Goldsmith, J. R.; Graf, D. L. & Joensuu, O. I.: The occurence of magnesian calcites in nature. — Geochim. et Cosmochim. Acta **7**, S. 212—230, London 1955.

Goldsmith, J. R. & Laves, F.: The microcline-sanidin stability relations. — Geochim. cosmochim. Acta **5**, S. 1—19, 1954.

Gotthardt, R.: Geologie des Dornaper Massenkalkes. — Diss. TH-Aachen, 107 S., Aachen 1962.

Grimm, W. D.: Ausfällung von Kieselsäure in salinar beeinflußten Sedimenten. — Z. dt. geol. Ges. **114**, 1962, 3. Teil, 590—619, Hannover 1964.

Happel, L.: Eineisenung und Vereisenung, abgegrenzt am Beispiel der devonischen Roteisenhorizonte der Eifel. — Senckenbergiana **12**, S. 76—89, Frankfurt a. M. 1930.

Happel, L. & Reuling, H. Th.: Die Prümer Mulde (in der Eifel) Geol. Karte 1:25 000. — Senckenberg. naturforsch Ges., Senckenberg-Buch 5, Frankfurt a. M. 1936.

— Die Geologie der Prümer Mulde. — Abh. senckenberg. naturforsch. Ges., 438, S. 1—94, Frankfurt a. M. 1937.

Harder, H. & Flehmig, W.: Bildung von Quarz aus verdünnten Lösungen bei niedrigen Temperaturen. — Naturwissenschaften **54**, H. 6, 140 Berlin (Springer-Verlag) 1967.

Harder, H. & Menschel, G.: Quarzbildungen am Meeresboden. — Naturwissenschaften **54**, H. 21, 561 Berlin (Springer-Verlag) 1967.

Heitfeld, K. H.: Zur Frage des Alters der roten Schichten von Menden. — Z. dt. geol. Ges., **102** (1950), S. 162, Hannover 1951.

Hoffmann, K.: Zur Paläogeographie des nordwestdeutschen Lias und Doggers. — In: A. Bentz: Erdöl und Tektonik, S. 113—129, Hannover/Celle 1949.

Hotz, E. E.; Kräusel, W. & Struve, W.: Die Eifelmulden von Hillesheim und Ahrdorf. — Beih. geol. Jb. **17**, S. 45—192, Hannover 1955.

Howie, R. A. & Boadhurst, F. M.: X-ray data for dolomite and ankerite. — Amer. Miner. **43**, S. 1210—1214, 1958.

Illing, L. V.: Deposition and diagenesis of some upper Paleozoic carbonate sediments in western Canada. — 5th World Petroleum Cong., New York, Proc., sec. 1, paper 2, S. 23—52, 1959.

Jodry, R. L.: Growth and Dolomitization of Silurian Reefs, St. Clair County, Michigan. — Amer. Assoc. Petroleum Geologists Bull., **53**, No. 4, S. 957—981, Menasha 1969.

Jux, U. & Pflug, H.: Alter und Entstehung der Triasablagerungen und ihrer Erzvorkommen am Rheinischen Schiefergebirge, neue Wirbeltierreste und das Chirotheriumproblem. — Abh. Hess. Landesamt Bodenforsch. 27, 50 S., Wiesbaden 1958.

KALKOWSKY, E.: Die Verkieselung der Gesteine in der nördlichen Kalahari. — Sitz.-Ber. u. Abh. Nat. Ges. Isis, Dresden 1901.

KASIG, W. & NEUMANN-MAHLKAU, P.: Die Entwicklung des Eifeliums in Old-Red-Fazies zur Riff-Fazies im Givetium und Unteren Frasnium am Nordrand des Hohen Venns (Belgien—Deutschland). — Geol. Mitt. **8**, S. 327—388, Aachen 1969.

KASTNER, M.: Authigenic feldspars in carbonate rocks. — Amer. Miner., **56**, S. 1403—1442, Menasha 1971.

KATZ, A.: Calcian Dolomites and Dedolomitization. — Nature, **217**, No. 5127, S. 439—440, 1968.

— Zoned dolomite crystals. — J. Geol., **79**, S. 38—51, Chicago 1971.

KAYSER, E.: Studien aus dem Gebiete des Rheinischen Devon. II. Die devonischen Bildungen der Eifel. — Z. dt. geol. Ges. **23** (1871), S. 289—376, Berlin 1871.

KEGEL, W.: Sedimentation und Tektonik in der rheinischen Geosynklinale. — Z. dt. geol. Ges. **100**, Jg. 1948, S. 267—289, Hannover 1950.

KINSMAN, D. J. J.: Interpretation of Sr^{2+} concentrations in carbonate minerals and rocks. — J. Sed. Petrol., **39**, 2, S. 486—508, 1969.

KNAPP, G.: Zur Stratigraphie und Paläogeographie des Hauptmuschelkalkes der Eifel. — Geol. Mitt. **2**, S. 107—160, Aachen 1961.

KNEUPER, G.: Das Saar-Nahe-Gebiet. — Abgrenzung und Genese. — Fortschr. Geol. Rheinld. u. Westf. **19**, S. 143—148, Krefeld 1971.

KORITNIG, S.: Einschlüsse in Suttroper Quarzen. — Beitr. Miner. Petrogr. **8**, H. 1, S. 21—27, Berlin 1961.

KRAUSE, P. G.: Über Unterdevon, Perm und Diluvium auf Blatt Mechernich. — Jb. preuß. geol. L.-A. Berlin **36**, II, S. 437—439, Berlin 1917.

— Über das Alter und die Entstehung der roten Kalkkonglomerate in der Eifel. — Verh. van het Geol.-Mijnbouw.-Kund Genootsch. voor Nederl. en Kolonien, Geol. Ser. **6**, S. 153—171, S'Gravenhage 1922.

KREBS, W.: Das Oberdevon der Prümer Mulde/Eifel unter Ausschluß der Dolomit-Fazies. — Notizbl. hess. L.-Amt Bodenforsch. **90**, S. 210—232, Wiesbaden 1962.

— Zur Frage der bretonischen Faltung im östlichen Rhenoherzynikum. — Geotekt. Forsch., H. 27, S. 1—71, Stuttgart 1968.

— Über Schwarzschiefer und bituminöse Kalke im mitteleuropäischen Variscikum. — Erdöl u. Kohle, 22. Jg. (1969), S. 2—6 u. S. 62—67, Hamburg 1969.

— Devonian Reef Limestones in the Eastern Rhenish Schiefergebirge. — (In:) MÜLLER, G. (Editor): Sedimentology of parts of Central Europe. Guidebook to Excursions held during the VIII International Congress 1971 in Heidelberg. — S. 45—81, Frankfurt a. M. 1971

KRÖMMELBEIN, K.: Stratigraphie und Tektonik der Salmerwald-Mulde (Devon, Eifel). — In: KRÖMMELBEIN, HOTZ, KRÄUSEL & STRUVE: Zur Geologie der Eifelkalkmulden. — Beih. geol. Jb. **17**, S. 7—44, Hannover 1955.

— Zur Gliederung des Devons der Gerolsteiner Mulde in der Eifel. — Senck. leth. **38**, 5/6, S. 359—367, Frankfurt a. M. 1957.

KUCKELKORN, L.: Die Süd-West-Enden der Blankenheimer und Dollendorfer Mulde in der Hohen Eifel. — Ber. üb. d. Vers. d. Niederrh. geol. Ver., 1924, **18**, S. 78—105, Bonn 1925.

KUCKELKORN, L. & VORSTER, H.: Das Gebiet der Blankenheimer, Rohrer und Dollendorfer Mulde in der Eifel. — STEINMANN-Festschrift, Sonderband Geol. Rdsch., **17** a, S. 512—543, Berlin 1926.

KULP, J. L.; TUREKIAN, K. & BOYD, D. W.: Strontium content of limestones and fossils. — Bull. Geol. Soc. Amer., **63**, S. 701—716, New York 1952.

LAND, L. S.: Diagenesis of skeletal carbonates. — J. Sed. Petrol. **37**, No. 3, S. 914—930, Menasha 1967.

LANG, H. B.: Dolomit und zuckerkörniger Kalk im Weissen Jura der mittleren Schwäbischen Alb (Württemberg). — N. Jb. Geol. Paläont. Abh. **120**, S. 253—299, Stuttgart 1964.

LINDENBERG, H. G.: Die Bolivinen (Foram.) der Häringer Schichten. Mikropaläontologische Untersuchungen im Alttertiär des Unterinntal-Gebietes. — Boll. Soc. Paleont. Ital. **4**, (1), 1965, S. 64—160, Modena 1966.

LINDHOLM, R. C.: Detrital Dolomite in Onondaga Limestone (Middle Devonian) of New York: Its Implications to the "Dolomite Question". — Amer. Assoc. Petroleum Geologists Bull., **53**, No. 5, S. 1035—1046, Menasha 1969.

LIPPERT, H. & SOLLE, G.: Die Manderscheider Schwelle im Devon der Eifel. — Senckenbergiana **19**, 5/6, S. 392—399, Frankfurt a. M. 1937.

LUCIA, F. J.: Diagenesis of a crinoidal sediment. — J. Sed. Petrol. **32**, No. 4, S. 848—865, Menasha 1962.

LUCIUS, M.: Übersicht über die Geologie Luxemburgs. — Z. dt. geol. Ges. **103**, Jg. 1951, S. 178—208, Hannover 1952.

MARSAL, D.: Statistische Methoden für Erdwissenschaftler. — 152 S., Schweizerbart, Stuttgart 1967.

MARSCHNER, H.: Mineralogisch-petrographische Untersuchungen an karbonatreichen Gesteinen aus dem Unteren Keuper des Weserberglandes. — 137 S., Diss. Univ. Hamburg, 1966.

— Relationship between Carbonate Grain Size and Non-Carbonate Content in Carbonate Sedimentary Rocks. — In: MÜLLER, G. & FRIEDMANN, G. M. (ed.) Recent Developments in Carbonate Sedimentology in Central Europe; S. 55—57, Berlin—Heidelberg (Springer-Verlag) 1968.

MEISCHNER, K.-D.: Allodapische Kalke, Turbidite in riffnahen Sedimentations-Becken. — In: BOUMA & BROUWER (ed.): Developments in Sedimentology **3**, S. 156—191, 1964.

— Paläökologische Untersuchungen an gebankten Kalken. Ein Diskussions-Beitrag. — Geologiska Fören. Stockholm Förhandl., **89**, S. 465—469, Stockholm 1967.

METJE, J.: Geologie des SW-Teiles der Dollendorfer Mulde (Devon, Eifel). — Senck. leth. **44**, S. 127—155, Frankfurt a. Main 1963.

MEYER, D.: Mittel- und Oberdevon im Guldenbachtal (SE-Hunsrück, Rheinisches Schiefergebirge). Vorläufige Mitteilung über neue Ergebnisse zur Stratigraphie. — Notizbl. Hess. L.-A. Bodenforsch. **94**, S. 302—309, Wiesbaden 1966.

MILLOT, G.: Silice, silex, silifications et croissance des cristaux. — Bull. Serv. Carte géol. Als. Lorr., T. **13**, fasc. 4, 129—146, Strasbourg 1960.

MITSCHERLICH, E.: Über die vulkanischen Erscheinungen in der Eifel und über die Metamorphie der Gesteine durch erhöhte Temperatur. — Abh. Kgl. Akad. Wiss. zu Berlin, S. 1—77, Berlin 1865.

MORLOT, A. v.: Über den Dolomit und seine künstliche Darstellung aus Kalkstein. — Haidinger Naturwiss. Abh. **1**, S. 305, 1847.

MÜLLER, G.: Sediment-Petrologie. Teil I. Methoden der Sedimentuntersuchung. — 303 S., E. Schweizerbart'sche Verlagsbuchh., Stuttgart 1964.

MÜLLER, G. & IRION, G.: Subaerial cementation and subsequent dolomitization of lacustrine carbonate muds and sands from Paleo-Tuz Gölü ("Salt Lake"), Turkey. — Sedimentology **12**, S. 193—204, 1969.

MÜLLERS, P.: Über die Dolomitisierung des Mitteldevon der Gerolsteiner Mulde in der Eifel. — Chemie der Erde, **4**, 1930, S. 431—454, Jena 1930.

MURAWSKI, H.: Die Nord-Süd-Zone der Eifel und ihre nördliche Fortsetzung. — Publ. Serv. géol. Luxembg., Vol. XIV, S. 283—307, Luxemburg 1964.

MURRAY, R. C.: Preservation of primary structures and fabrics in dolomite. — In: NEWELL, N. D. & IMBRIE, J. (Herausgeber): Approaches to paleoecology. — S. 388—403, New York 1964.

NEFF, H.: Grundlagen und Anwendung der Röntgen-Feinstruktur-Analyse. — 447 S., R. Oldenbourg-Verlag, München 1959.

NOWAK, H. J.: Stratigraphische Untersuchungen im nordöstlichen Abschnitt der Sötenicher Mitteldevonmulde (Eifel). — Decheniana, Bh. 2, S. 1—68, Bonn 1956.

OCHS, G. & WOLFART, R.: Geologie der Blankenheimer Mulde (Devon, Eifel). — Abh. senckenberg. naturforsch. Ges. **501**, S. 1—100, Frankfurt a. M. 1961.

OKAMOTO, G.; OKURA, T. & GOTO, K.: Properties of silica in water. — Geochim. Cosmochim. Acta **12**, S. 123—132, London 1957.

PARRISH, W. & IRWIN, B. W.: Data for x-ray analysis. — Bd. 1: Charts for solution of BRAGG's equation (d versus Θ and 2 Θ). — Philips Technical Library, 100 S., 1953.

PAULUS, B.: Der mittlere Teil der Sötenicher Mulde (Devon, Eifel). — I. Unterdevon und tiefes Eiflium. — Senck. leth. **40**, 5/6, S. 333—365, Frankfurt a. M. 1959.

— Der mittlere Teil der Sötenicher Mulde (Devon, Eifel). Nachtrag zu Teil I. II. Das höhere Eifelium. — Senck. leth., **42**, 5/6, S. 411—452, Frankfurt a. M. 1961 (a).

— Das Urfttal-Profil in der Sötenicher Eifelkalkmulde (Devon). — Der Aufschluß, 10. Sonderheft, S. 26—40, Heidelberg 1961 (b).

PERRENOUD, J.-P.: Étude du Feldspath potassique contenu dans le "Pontiskalk" (Trias, Valais). — Schweiz. miner. petrogr. Mitt., **32**, S. 179—184, 1952.

PICARD, K.: Sedimentationsverhältnisse des Hauptbuntsandsteins in der Bucht von Mechernich-Nideggen. — Geol. Jb. **64**, 1943—1948, S. 331—347, Hannover/Celle 1950.

— Beiträge zur Erforschung der Bleierzlagerstätte bei Mechernich (Eifel). — Geol. Jb. **69**, S. 653—680, Hannover 1954.

QUIRING, H.: Eifeldolomit und alttriadische Verebnung. — Cbl. Miner., Geol. u. Paäont., 1913, No. **9**, S. 269—272, Stuttgart 1913.

— Zur Stratigraphie und Tektonik der Eifelkalkmulde von Sötenich. — Jb. preuß. geol. L.-A. **34**, S. 81—223, Berlin 1914.

RAHM, G.: Der quartäre Vulkanismus im zentralen Teil der Westeifel. Ein Beitrag zum Eruptionsmechanismus der Eifel-Vulkane. — Decheniana, **109**, 1, S. 11—51, Bonn 1956.

RAUFF, H.: Entwurf zu einem Geologischen Führer durch die Gerolsteiner Mulde. — 54 S., Berlin 1911.

REULING, H. TH.: Dolomit-Studien im Devon der Eifel. — Senckenbergiana **13**, S. 271—298, Frankfurt a. M. 1931.

RICHTER, D. K.: Zur Petrographie und Genese der Dolomite in der Eifel. — 133 S., Diss. Univ. Bochum, Bochum 1970.

— Fazies- und Diagenesehinweise durch Einschlüsse in authigenen Quarzen. — N. Jb. Geol. Paläont. Mh., Jg. **1971**, S. 604—622, Stuttgart 1971.

— Eine subrezente spätdiagenetische Dolomitisierung mit prätertiären Dolomiten als Keime (Bucht von Volos). — N. Jb. Geol. Paläont. Mh., Jg. **1972**, H. 8, S. 490—506, Stuttgart 1972.

— Authigenic quartz preserving skeletal material. — Sedimentology **19**, S. 211—218, 1972.

RICHTER, R.: Exkursion in die Prümer Mulde (Eifel) am 9. und 10. September 1951. — Z. dt. geol. Ges. **103**, S. 343—352, Hannover 1952.

RITZ, H.: Die Südwesthälfte der Sötenicher Mitteldevon-Mulde. — Jb. preuß. geol. L.-A. **51**, 1930, S. 565—594, Berlin 1930.

SANDER, B.: Einführung in die Gefügekunde der geologischen Körper, II. Korngefüge. — 409 S., Springer-Verlag Wien u. Innsbruck 1950.

SCHENK, E.: Die Tektonik der mitteldevonischen Kalkmuldenzone in der Eifel. — Jb. preuß. geol. L.-A. **58**, 1937, S. 1—36, Berlin 1938.

SCHLOEMER, H.: Hydrothermal-synthetische gemeinsame Kristallisation von Orthoklas und

Quarz. Untersuchungen im System K_2O—Al_2O_3—SiO_2—H_2O. — Radex-Rdsch. **3**, S. 133—173, Radenthein/Kärnten 1962.

SCHMALZ, R. F.: (Unveröffentlichtes Manuskript) A re-examination and physico-chemical interpretation of the mineralogy of Funafuti Atoll. — Preprint prepared for the Petroleum Research Fund, America Chemical Society.

SCHMIDT, V.: Facies, diagenesis, and related reservoir properties in the Gigas beds (Upper Jurassic), Northwestern Germany. — In: L. C. PRAY & R. C. MURRAY (ed.), Dolomitization and limestone diagenesis. — SEPM Spec. Publ., **13**, S. 124—168, 1965.

SCHMIDT, W. E.: Die Schichtenfolge des Devons bei Sötenich in der Eifel. — Jb. preuß. geol. L.-A. 1935, **56**, S. 292—323, Berlin 1936.

SCHMIDT, WO.: Die paläogeographische Entwicklung des linksrheinischen Schiefergebirges vom Kambrium bis zum Oberkarbon. — Z. dt. geol. Ges. **103**, Jg. 1951, S. 151—177, Hannover 1952.

SCHMIDT, WO. & SCHRÖDER, E.: Geologische Karte der nördlichen Eifel 1:100 000. — Krefeld 1961.

SCHRÖDER, E.: Die Trierer Bucht als Teilstück der Eifeler Nord—Süd-Zone. — Z. dt. geol. Ges. **103**, Jg. 1951, S. 209—215, Hannover 1952.

— Zur Paläogeographie des Mittleren Buntsandsteins bei Mechernich/Eifel. — Geol. Jb. **69**, S. 417—428, Hannover 1954.

SCHÜLLER, M.: Petrographie und Feinstratigraphie des Unteren Muschelkalkes in Südniedersachsen und Nordhessen. — Sediment. Geol. **1**, S. 353—401, Amsterdam 1967.

SCHULZ, E.: Die Eifelkalkmulde von Hillesheim. Nebst einem palaeontologischen Anhang. — Jb. d. Kgl. Preuß. L.-A. u. Bergakad. zu Berlin, Abh. von außerhalb der Geol. L.-A. stehenden Personen, 1882, S. 158—250, Berlin 1883.

— Über einige Leitfossilien der Stringocephalenschichten in der Eifel. — Verh. Nat. Ver. Rhld. u. Westf. **70**, 1913, S. 335—385, Bonn 1914.

SCHWARZENBACH, G.: „Komplexon-Methoden". — Veröffentlicht durch die Firma Siegfried A.-G., Zofingen 1948.

SCHWARZENBACH, G. & FLASCHKA, H.: Die komplexometrische Titration. — Chem. Analyse **45**, 5. Aufl., 339 S., Stuttgart 1965.

SCHWENZER, H.: Feinstratigraphische Untersuchungen mitteldevonischer Schichten im Nordostteil der Prümer Mulde (Eifel). — Fortschr. Geol. Rheinld. u. Westf., **9**, S. 219—276, Krefeld 1965.

SHEARMAN, D. J.; KHOURI, J. & TAHA, S.: On the Replacement of Dolomite by Calcite in some Mesozoic Limestones from the French Jura. — Proc. Geol. Ass., **72**, 1, S. 1—12, 1961.

SHINN, E. A.; GINSBURG, R. N. & LLOYD, R. M.: Recent suptradial dolomite from Andros Island, Bahamas. — In: PRAY, L. C. & MURRAY, R. C. (ed.), Dolomitization and limestone diagenesis, a symposium; SEPM, Spec. Publ. **13**, S. 112—123, 1965.

SOLLE, G.: Geologie der mittleren Olkenbacher Mulde. — Abh. senckenberg. naturforsch. Ges. **436**, Frankfurt a. M. 1937.

STEININGER, J.: Geognostische Beschreibung der Eifel. — 144 S., Trier 1853.

STORZ, M.: Die sekundäre authigene Kieselsäure in ihrer petrogenetisch-geologischen Bedeutung. — Monogr. Geol. Paläont., Ser. 2, H. 4, 137 S., Berlin 1928.

STRUVE, W.: Die Dolomite der Hillesheimer Mulde. — Vortragsbericht in: Z. dt. geol. Ges., **103**, S. 327—329, Hannover 1952 a.

— Zum Problem der Eifler Dolomite. — Senckenbergiana **33**, 1/3, S. 135—145, Frankfurt a. M. 1952 b.

— (1955) siehe HOTZ, E. E.; KRÄUSEL, W. & STRUVE, W. 1955.

— Das Stratum typicum von Rhynchospirifer hians und die Geologie des Fundgebiets am

Koberich (Hillesheimer Mulde, Mittel-Devon der Eifel). — Senck. leth. **38,** 1/2, S. 73—80, Frankfurt a. M. 1957.
— Zur Stratigraphie der südlichen Eifler Kalkmulden (Devon: Emsium, Eifelium, Givetium). — Senckenberg. leth., **42,** 291—345, Frankfurt a. M. 1961 (a).
— Das Eifeler Korallen-Meer. — Der Aufschluß, Sonderh. 10 (Die nördl. Eifel), S. 81—107, Heidelberg 1961 (b).
— Bericht über die geologischen Exkursionen in der Prümer Mulde (20. 5. 1964) und in der Eifeler Kalkmulden-Zone (21. 5. 1964). — Decheniana **117,** 1/2, S. 224—244, Bonn 1964.
TOPKAYA, M.: Recherches sur les silicates authigènes dans les roches sédimentaires. — Bull. Labs Géol. Geogr. Phys. Minér. Univ. Lausanne **97,** 1—132, Lausanne 1950.
TROEGER, W. E.: Optische Bestimmung der gesteinsbildenden Minerale. Teil 2: Textband. — 822 S., Stuttgart (E. Schweizerbart'sche Verlagsbuchhandlung) 1967.
UDLUFT, H.: Die Genesis der flächenhaft verbreiteten Dolomite des mitteldevonischen Massenkalkes, insbesondere des Schwelmer Kalkes der Gegend von Elberfeld-Barmen. — Jb. preuß. geol. L.-A. Berlin **50,** 1, S. 396—436, Berlin 1929.
USDOWSKI, H.-E.: Die Genese von Dolomit in Sedimenten. — Miner. u. Petrogr. in Einzeldarst., Bd. **4,** Springer-Verlag, 95 S., Berlin—Heidelberg 1967.
WAGNER, W. & MICHELS, F.: Erläuterungen zur geologischen Karte von Hessen im Maßstabe 1:25 000; Blatt Bingen—Rüdesheim. — 167 S., Darmstadt 1930.
WEBER, J. N.: Trace element composition of dolostones and dolomites and its bearing on the dolomite problem. — Geochim. Cosmochim. Acta **28,** S. 1817—1864, 1964.
WILCKENS, O.: Die Dolomite der Eifel. — Sitzungsber. naturwiss. Abt. Niederrhein. Ges. Natur- u. Heilkunde 1928, herausgegeben vom Naturhist. Verein der preußischen Rheinlande und Westfalens, S. 1—62, Bonn 1929.
WINTER, J.: Das Givetium der Gerolsteiner Mulde (Eifel). — Fortschr. Geol. Rheinld. u. Westf., **9,** S. 277—321, Krefeld 1965.
— Stratigraphie und Genese der Bentonitlagen im Devon der Eifeler Kalkmulden. — Fortschr. Geol. Rheinld. u. Westf. **16** (1969), S. 425—472, Krefeld 1970.
WURSTER, P.: Geologie des Schilfsandsteins. — Mitt. Geol. Staatsinst. Hamburg **33,** 140 S., Hamburg 1964.
ZANKL, H.: Structural and textural evidence of early lithification in fine-grained carbonate rocks. — Sedimentology **12,** S. 241—256, 1969.
ZENGER, D. H. & PEARSON, E. F.: Stratigraphy and petrology of the Lost burro Formation, Panamint Range, California. — Short Contributions to California Geology: California Division of Mines and Geology Special Report 100, S. 45—65, 1969.
ZORN, H.: Paläontologische, stratigraphische und sedimentologische Untersuchungen des Salvatoredolomits (Mitteltrias) der Tessiner Kalkalpen. — Schweizer. Paläont. Abh. **91,** S. 1—90, 17 Taf., Basel 1971.